U0830927

中国概况
PANORAMA

河
北

中国概况

中国概况
PANORAMA

河北

河北省人民政府新闻办公室　编著

外文出版社
FOREIGN LANGUAGES PRESS

河北省环抱着中国首都北京及直辖市天津，外沿渤海。

河北是中国的人口大省，人口达 7400 万多人，居全国第六位。河北是中国的经济大省，2015 年生产总值实现 29806.1 亿元，居全国前列。河北是中国的文化大省，文化遗存十分丰厚。拥有国家级文物保护单位 278 处，居全国第三位；拥有长城、避暑山庄及周围寺庙、清东陵和清西陵、大运河（河北段）4 项世界文化遗产。

河北在中华文明发展史中占有举足轻重的地位。根据考古发现，早在 200 万年前，人类就开始在河北泥河湾繁衍生息，有关专家认为河北泥河湾是迄今为止中国发现的最早的人类起源地。5000 年前，中华民族的三大始祖黄帝、炎帝和蚩尤在河北涿鹿由征战到融合，实现中华民族第一次大融合，从而开启了中华民族 5000 年的文明史。60 多年前，河北西柏坡是中共中央和解放军总部的所在地，新中国的宏伟蓝图在这里谋划，毛泽东等领导人从这里赴京开创“建国大业”。

前言

河北地形地貌齐全，是中国唯一兼有高原、山地、丘陵、盆地、平原、湖泊、海滨等各种地貌类型的省份，享有“中国地形地貌缩影”的美誉。

当前，河北正面临千载难逢的历史机遇：京津冀协同发展成为重大国家战略，第一次把河北全域纳入国家战略，是河北面临的最大机遇；环渤海地区加速崛起，正在成为东北亚最活跃的经济腾飞区，是中国继“珠三角”“长三角”之后的第三个经济增长极；北京携手张家口获得了2022年第二十四届冬季奥林匹克运动会的举办权，其中张家口市将承办大部分雪上项目的比赛；亚洲最大的空港——北京新机场项目在北京和廊坊交界处开工建设。河北正成为国内外关注、投资者青睐的热土，正在努力建设经济强省、美丽河北。

热烈欢迎中外朋友到河北旅游观光、投资置业、共谋发展。衷心希望本书能够带给您一些有益的信息，成为连接我们友谊与合作的纽带和桥梁。

目录

中国概况·河北

第一章

基本信息

- 自然地理
- 自然资源
- 人文
- 历史名人
- 重大历史事件

自然地理

位置

河北省位于东经113° 23′ 至119° 50′，北纬36° 05′ 至42° 40′。因位于黄河以北得名。简称冀，因古称冀州得名。

河北省地处中国东部沿海北部，华北平原北部，兼跨内蒙古高原东南部。内环北京和天津，东濒渤海，东南跨漳河与山东省接壤，西南临河南省，西依太行山与山西省毗邻，北越燕山与内蒙古自治区交界，东北与辽宁省接壤。

省会城市——石家庄

河北省示意图

赤峰市
平泉
承德市
张家口市
怀来
大同市
北京市
迁安市
秦皇岛市
唐山市
涿州市
廊坊市
天津市
保定市
任丘市
定州市
沧州市
石家庄市
辛集市
阳泉市
衡水市
景县
宁晋
东营市
德州市
滨州市
邢台市
淄博市
潍坊市
济南市
邯郸市
聊城市
魏县
莱芜市
泰安市
安阳市
濮阳市
鹤壁市

沧州黄骅综合大港一角

地貌

河北省总面积18.8万平方千米，南北长730千米，东西宽560千米。地势西北高、东南低。地貌复杂多样，高原、山地、丘陵、盆地、湖泊、平原、海洋类型齐全，是中国唯一兼有各种地貌的省份。

气候

河北省属暖温带大陆性季风气候，大部分地区四季分明，四季平均气温为：春季 2°C~16°C，夏季 16°C~27°C，秋季 1°C~15°C，冬季 −16°C~−2°C。年日照时数在 2303 小时，年无霜期 181~204 天，年均降水量 484.5 毫米。

承德金山岭长城

自然资源

河北土地辽阔，矿产蕴藏、海洋滩涂资源都比较丰富，新能源资源开发前景广阔。目前，有耕地9840.03万亩，林地面积6948.02万亩，草地4220.49万亩。矿产资源储量排在全国大陆省份前5位的有39种。

河北海岸线长487.3公里，海岸带总面积100万公顷，有海岛14个，拥有秦皇岛港、唐山港、黄骅港三大港口。具有发展海洋石油、海洋化工、海洋运输、近海养殖、海洋旅游等产业的天然条件。境内有海河、滦河等河流经过。

河北有唐山、邯郸、邢台、蔚州四大煤矿区和华北、冀东、大港三大油田。风能方面，河北陆上风能资源总储量7400万千瓦，近海风电场可开发量超过260万千瓦。地热方面，地热资源分布广泛，且埋藏较浅，主要集中于中东部平

海上石油开采区

张家口宣化葡萄

张家口坝上国家风光储输示范基地

原地区，地热资源总量相当于标准煤 419 亿吨，在全国排名第三。太阳能方面，全省太阳年辐射量为每平方米 4981-5966 兆焦耳，年日照时数张家口、承德及沧州东部为 2500-3000 小时。

河北旅游资源丰富。厚重的历史为河北留下众多的名胜古迹。拥有国家级文物保护单位 278 处，居全国第三位；省级文物保护单位 930 处，居全国前列；世界文化遗产 4 项。

河北地域辽阔，物产丰富，主要土特产品有：河北板栗、深州蜜桃、天津鸭梨、赵州雪花梨、宣化葡萄、兴隆红果、沧州金丝小枣，阜平、赞皇大枣，珍珠红小豆、鹦哥绿豆、河北血杞、涉县三珍（花椒、柿子、核桃）、口蘑和蕨菜、望都“羊角辣”、鸡泽椒干、野三坡麻核桃、隆尧大葱、威县西瓜、满城草梅和磨盘柿、蔚县大杏扁、口皮（张家口加工的皮毛）、枣强“营皮”（大营镇裘皮制品）、祁州药材、迁安桑皮纸、渤海对虾、衡水“宫廷金鱼”等等。

邯郸市一角

人文

河北辖石家庄、唐山、秦皇岛、邯郸、邢台、保定、张家口、承德、廊坊、沧州、衡水11个设区市，省会石家庄市。2015年末，总人口7400万多人，由56个民族组成，少数民族人口约占全省人口总数的4%。

河北目前有佛教、道教、伊斯兰教、天主教、基督教五大宗教。信徒约200万人，占全省总人口的3%左右。其中天主教徒近百万人，占全国天主教徒总数的25%，汉传佛教信徒20余万人，藏传佛教信徒约15万人，道教信徒2万多人，伊斯兰教信徒约50万人。

保定野三坡民族园

历史名人

河北历史上是个名人辈出的地方。这些历史名人，在政治、军事、医学、数学、文学、思想等方面对中国历史进程发生过重大影响。

如医学家扁鹊（约公元前 407 年 – 公元前 310 年），总结出中医望、闻、问、切诊断法，为后来中医体系的创立奠定了基础，人称“医学之祖”。一代儒宗董仲舒（约公元前 179 年 – 约公元前 104 年），其哲学学说和政治主张在中华民族思想发展史上占有重要地位。数学家祖冲之 (429 年 –500 年)，把圆周率推算到小数点后 7 位数字，这在世界上尚属首次，比欧洲早 1000 多年。地理学家、散文家郦道元（466 年或 472 年 –527 年），撰写的《水经注》是当时最全面、最系统的综合性地理著作，不仅在中国而且在世界中世纪地理史上也具有重要地位。数学、水利、天文学家郭守敬（1231 年 –1316 年），主持修浚了北京至通州的通惠河，打通了渐趋废滞的京杭大运河航道，使河北东南部运河地区又出现了漕船辐辏、商业兴隆的景象；他还创造和改进了 13 种天文仪，编订的《授时历》成为中国古代历法发展到巅峰的标志。著名学者纪昀（1724 年 –1805 年），主持编纂的《四库全书》是中国古代最大一部官修丛书，其亲自撰写的《四库全书总目提要》200 卷，代表了清代学术最高峰——乾嘉时代的整个学术水平。文学家曹雪芹（约 1715 年 –1763 年或 1764 年），创作的长篇小说《红楼梦》，不仅是中国古典小说艺术的高峰，而且是世界文坛上的名著，在文学发展史上占有重要地位。

《红楼梦》作者——曹雪芹

重大历史事件

河北省在漫长的历史发展过程中，经历了众多的历史事件。这些事件诠释着历史的风云变幻，有很多产生过重要影响。

如中华民族的三大人文始祖黄帝、炎帝、蚩尤，在河北涿鹿完成了中华民族的第一次大融合。春秋战国时期中山国、赵国和燕国先后在河北境内建造都城，为后来的都城建设规划奠定了基础，对中国历史发展具有重大影响。公元前 307 年赵武灵王发布“胡服骑射”命令，标志着农耕文化与游牧文化的结合、华夏民族与游牧民族的融合，是中华文明史上的丰碑。1400 多年前修建的赵州桥，是世界上敞肩式石拱桥的鼻祖与典范，是世界桥梁史上的奇迹。公元 953 年铸造的沧州铁狮子，总重量 29.3 吨，1000 多年前铸造如此庞然大物，在世界冶金史上也具有里程碑的意义。1929 年，裴文中（1904 年 –1982 年）在周口店发现中国猿人头盖骨，把人类历史向前推了四五十万年，是中国古人类研究史上重要的里程碑。中华民族的标志性建筑万里长城，横穿河北，在河北境内长达 2000 多公里，是长城保存最为完整最具代表性的区段。1947 年，中共中央移驻西柏坡，新中国由此走来。

张家口涿鹿县中华合符坛

中　国　概　况　·　河　北

第二章

历史与特色

- 发展历史
- 文明轨迹

发展历史

张家口泥河湾遗址群出土的石矛头

河北省有着悠久的历史传承和深厚的文化积淀，是中华民族的发祥地之一。

河北地区经历了原始人群、母系氏族社会、父系氏族社会诸阶段。神话传说中的盘古开天地、女娲造人、伏羲创八卦等都源于此地。

河北域内遍布着早期人类活动遗迹。河北阳原县泥河湾遗址群，包含了从 200 万年前至距今 7500 年左右不同时期的古人类文化遗存，形成了年代前后相接、绵延连贯的文化层。出土的古人类化石、动物化石和各种石器达数万件，被称为“人类祖先的东方故乡”。

新石器时代的文化遗存在河北分布广泛。燕山南北、太行山东麓广大地区分布着许多大大小小的原始聚落，尤以武安县的磁山文化遗址最为突出。在磁山文化遗址中发现，7000 年前这里的人们造屋定居、耕种稼穑、驯养牲畜，过着典型的农业定居生活。

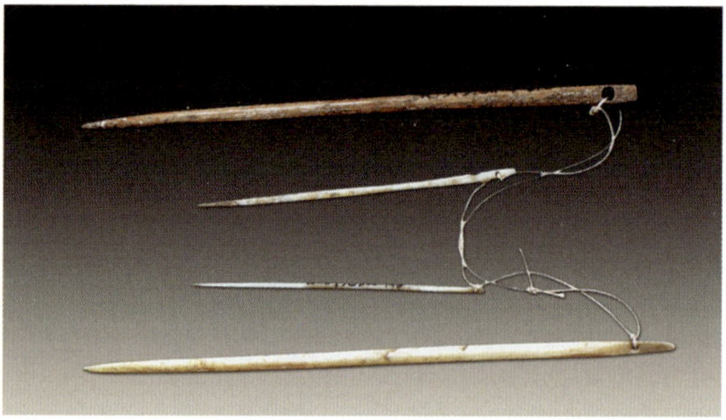
邯郸磁山文化遗址出土的骨针

张家口涿鹿县三祖遗址出土的文物

距今5000年前，河北各氏族、部落相继进入父系氏族社会，并经历了痛苦的氏族融合过程。中华民族的三大人文始祖黄帝、炎帝、蚩尤在河北涿鹿一带，经“阪泉之战”、“涿鹿之战”、“合符釜山，而邑于涿鹿之阿”，推选黄帝为天下共主，确立龙图腾，定都涿鹿，完成了中华民族的第一次大融合。

石家庄藁城台西商代遗址出土的青铜罍

公元前21世纪，禹建立中国历史上的第一个王朝夏朝，划天下为九州，河北属九州之一的冀州，“冀”为希望之意。禹曾在河北进行治水工程。

夏朝之后的商朝（公元前1600年－前1046年）即是由曾活跃在河北中、南部的一个部落发展、壮大而来。商朝的文明已达到相当水平，出现了发达的青铜制造业、酿酒业和雕刻业，并有了最初的文字。商朝曾在今河北邢台西南部建都，河北南部是商朝的王畿之地。河北各地也分布着许多方国和部落，藁城台西村的商代遗址中房屋、水井、粮仓、酒坊、墓葬坑都有遗存，并出土了青铜器、金器、玉器、卜骨等文物3000余件。

公元前11世纪中期，周武王灭商，建立了周朝。周朝分为西周和东周。西周广置封国，河北境地内的封国有燕、邢、孤竹、軝等。东周分春秋和战国两个时代。春秋时代（公元前770年－前476年），奴隶制行将解体，封建制孕育待生，王权衰落，邦国林立，诸侯国有100多个。群雄逐鹿，经过长期激烈的兼并战争，到战国时代（公元前475年－前221年），主要诸侯国只剩下魏、赵、韩、齐、秦、楚、燕七国，即所谓“战国七雄”。河北地区以燕国和赵国为主，故至今有“燕赵之地”之称。燕国国家殷富，贸易发达，冶铁水平很高；赵国经过赵武灵王的改革成为当时中原地区强盛的大国；燕国的都城燕下都、赵国的都城邯郸都是当时颇负盛名的大都会。其时在河北中部还有北方少数民族狄人建立的中山王国。

邯郸赵王陵出土的战国铜马

公元前221年，秦始皇统一中国后，实行郡县制，在河北境内陆续设置了上谷、渔阳、右北平、广阳、邯郸、巨鹿、代、恒山等八郡。秦始皇出生于河北邯郸，死于河北沙丘平台，他生前曾三次巡幸河北，并在秦皇岛建有行宫。

保定满城汉墓出土的长信宫灯

汉朝（公元前206年－公元220年），分全国为十三刺史部（又称十三州），河北北部主要属幽州刺史部，中南部属冀州刺史部，张家口地区北部为匈奴、乌桓活动的地区。河北沃野千里，农业发达，人口稠密，是当时经济发达的地区之一，特别是冶铁业达到了很高的水平，满城汉墓出土有灰口铁、脱碳钢、百炼钢以及使用淬火工艺制成的铁器。

邯郸响堂寺石窟内的大佛

三国两晋南北朝时期（220 年 -589 年），地处军事要冲的河北，300 多年间先后存在过 30 多个政权。位于河北南部的邺城，交通四通八达，城市布局严谨，城池巍峨，宫苑壮丽，成为当时的繁华盛都，先后有 6 个政权在此建都。邺城近郊众多王室贵族、豪门望族的陵寝，建造精致，气势宏伟，有大量精美的文物出土，尤以墓室壁画、陶俑最为突出。湾漳村的北齐帝陵，据专家推测可能是北齐开国皇帝高洋的陵墓。佛教自东汉传入中国后在魏晋南北朝时期得到了迅速传播，邺城是当时的佛教中心，城内寺庙林立，僧侣云集，南北响堂寺石窟保存至今，窟内存有众多雕刻精美的佛像，涉县中皇山的摩崖石刻也颇负盛名。

隋唐年间（581 年 -907 年），河北是全国重要的农业经济区。横贯千里的大运河直穿河北；邢窑白瓷以冰雪之姿留名百世；赵县赵州桥是现存最早的石拱桥；曲阳修德寺的石佛像精妙绝伦；沧州铁狮子高大伟岸、雄健挺拔，至今风采犹在。“安史之乱”中，河北地区战祸连绵，社会经济受到极大破坏，并延及五代时期（907 年 -960 年）。

宋、辽、金时期（960 年 -1234 年），河北一度处于北方少数民族契丹和女真建立的政权统治下，其文化呈现出多元化的风貌。宋代瓷业昌盛，定窑是当时的五大名窑之一，其白瓷滋润如玉，黑瓷深沉如漆；磁州窑则是北方最大的民间瓷窑，以白地黑花的釉下彩技术和朴实流畅的纹饰享有盛名。宣化辽代墓葬中的壁画内容丰富、造型生动，反映了辽代的社会风俗。井陉柿庄的金代墓葬壁画则是对金代农村生活景象的描摹。

张家口宣化辽代墓壁画

承德外八庙之一——普陀宗乘之庙

元、明、清三朝（1271年－1911年）都城都建于北京，元称大都，明、清称北京。在近700年间，河北直隶中央政府管辖，为京畿重地。位于河北北部的元中都遗址是保存较为完整的古代皇城遗址；明代长城有2000公里穿越河北，长城东端的秦皇岛山海关被誉为“天下第一关”；保定莲池书院曾是清代北方的最高学府；清代皇家陵寝东陵和西陵，山清水秀，陵墓壮观，是古代建筑艺术的珍品；承德避暑山庄及外八庙以独特的园林胜景、宏伟庙群成为今日的旅游胜地。清代夏都——承德还是清王朝的第二个政治中心。

保定直隶总督署

中华民国成立后，今河北境域主要属直隶省，于1928年改为河北省，省名沿用至今。

1948年5月至1949年3月间，毛泽东、朱德、刘少奇、周恩来、任弼时率中共中央和解放军总部来到河北西柏坡，西柏坡成为中共中央领导解放全中国的最后一个农村指挥所。毛泽东和中共中央在西柏坡部署和指挥了包括辽沈、淮海、平津三大

石家庄平山县西柏坡纪念馆雕塑

战役在内的 24 个战役，奠定了解放全中国的坚实基础。在西柏坡召开的中共七届二中全会，描绘了新中国的壮丽蓝图。

1949 年，中华人民共和国成立后，河北曾以保定、天津为省会，1968 年迁至石家庄。中华人民共和国成立以来，河北进入了空前发展的历史时期，今天的河北呈现出一派繁荣发展的景象。

文明轨迹

200万年前，河北就迎来了人类文明的第一缕曙光。河北张家口市阳原县泥河湾遗址群的小长梁遗址，作为人类活动最北端的见证和中华大地古人类早期发祥地之一，被铭刻在中华世纪坛青铜甬道的第一个台阶上。

史前文化的发现

在中国已经发现的距今100万年以上的25处早期人类文化遗存中，河北张家口泥河湾遗址群占有其中的21处，几乎记录了人类起源和演变的全过程。

保定北福地遗址出土的陶刻人面具

北福地遗址

在保定易县北福地村的史前文化遗址中，发现了灰坑、房址、祭祀场所，出土了长达46厘米的大型石耜、陶器残片等。发现的距今约7000至8000年前的陶刻面具，是目前所见年代最早的史前原始雕刻艺术精品。

邯郸磁山文化遗址出土的碳化胡桃

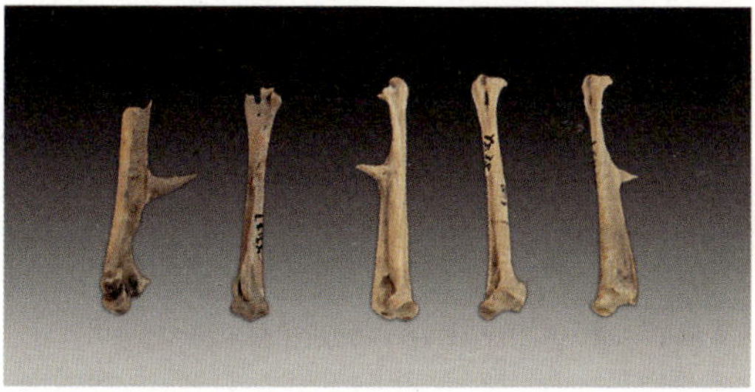

邯郸磁山文化遗址出土的家鸡骨

磁山文化遗址

在邯郸武安市磁山镇磁山二街村东南的新石器时期文化遗存中，发现了房基、窖穴、灰坑、组合物坑等。出土的7000年前的炭化粟，证明黄河流域是世界人工培植粟类最早的地方，被誉为“中国谷子的故乡”。出土的炭化胡桃（即核桃），将中国食用核桃的历史向前推了5000多年，说明中国也是核桃原产地之一。家鸡骨的发现，证明中国是世界上最早饲养家鸡的国家。烧土块上沾有清晰可辨的席纹，说明在7000年前这一带就能够编制苇席。

南杨庄遗址

在石家庄正定县南杨庄西北的新石器时代文化遗存中，发现的距今5400至5500年前的陶质蚕蛹，是目前发现人类饲养家蚕最古老的文物证据。还发现了可以加捻、牵伸的陶纺轮和能够理丝、打纬的薄刃条形骨匕，证明这里是中国桑蚕丝织业的发祥地之一。出土的距今5400至5500年前的硬陶片，是目前世界上发现最早的瓷器。

石家庄南杨庄遗址出土的陶制蚕蛹

中华文明从这里走来

距今 5000 年前，中华民族的人文始祖黄帝、炎帝、蚩尤由征战到融合，奠定了华夏民族与中华文明的基础，中国人也自此被称为华夏儿女。

此后进入传说中的尧、舜、禹时期。尧的故乡在保定顺平（一说邢台隆尧），尧首行禅让制，禅位于舜，舜又禅位于禹。尧、舜在位时期被人们颂扬为“尧天舜日”的盛世时代。禹带领民众治理肆虐的洪灾，改堵为疏，使河湖顺畅。禹在治水中身先士卒，“三过家门而不入”，成为史上开明君王的楷模。河北是尧、舜、禹三位君主及其氏族部落活动的主要区域之一。

蚩尤像

黄帝像

炎帝像

张家口涿鹿县中华三祖堂

中国冶铁技术上的革命

战国时期，铸铁工具在燕赵两国日益普及，技术水平逐渐提高。在今石家庄市市庄村战国遗址出土的两件铁斧，承德市兴隆县古洞沟燕国遗址出土的一件铁范，承德市兴隆县寿王坟燕国冶铁范铸工场遗址出土的多件铁范，保定市易县燕下都铸铁作坊遗址出土的两块炼铁坩锅残壁等，这些铁器都是用高温液体还原法铸造的。其中，石家庄市市庄村遗址出土的两件铁斧经过了退火柔化工艺处理，是目前发现的世界上最早使用退火柔化技术制造的铁器。退火柔化是中国冶铁技术上的一次革命，加快了铁器代替青铜器的历史进程。

保定燕下都遗址出土的战国铁胄

承德兴隆县出土的战国生产工具——铁范

石家庄平山县中山王墓出土的“山”字形器

中山、赵、燕建都

中山国、赵国和燕国先后在河北境内建造都城，对中国历史具有重大影响。

中山国都城几次变迁。周敬王十四年（公元前506年），鲜虞建都于中人（今河北唐县西北），改国号为“中山”；周威烈王十二年（公元前414年），中山武公迁都城于顾（今河北定州）。周威烈王十九年（公元前407年），中山被魏国所灭，中山国人被迫退到太行山中。周安王二十一年（公元前381年），中山桓公迁都城于灵寿城（今河北平山三汲）。周显王四十六年（公元前323年），中山王譽与赵、韩、魏、燕相王，雄踞一方。现存灵寿古城遗址出土了大批珍贵的生活、生产器物。

邯郸赵王陵周窑一号大墓出土的战国布币

邯郸赵王陵出土的金透雕双龙纹牌饰

赵国都城屡有变迁。周安王十六年（公元前386年），赵敬侯迁都邯郸。邯郸成为赵国政治、经济、军事和文化中心。胡服骑射、邯郸保卫战等众多影响中国的重大历史事件发生在邯郸，完璧归赵、负荆请罪等许多脍炙人口的成语典故也诞生于邯郸。

燕国都城分布在多处。周武王封召公奭于燕，都城在今北京房山琉璃河西周燕都遗址，人称燕初都。吞并蓟国后迁都蓟城（今北京西南），是为燕上都。燕桓侯迁都临

保定燕下都遗址出土的
头像金饰件

保定燕下都遗址出土的双龙连体透雕饰件

保定燕下都遗址出土的
熊、羊浮雕金饰件

保定燕下都遗址出土的
战国铜人

易（今河北雄县），建燕中都（今北京良乡窦店古城）。燕昭王（公元前 311 年 – 前 279 年在位）时建燕下都（今河北易县东南），燕下都成为燕国政治、经济中心和军事重镇。燕昭王筑宫招贤、乐毅率兵大败齐国、燕太子丹派遣荆轲刺秦王等关系时代政局变迁的重大历史事件均在这里策划或发生。

中山都灵寿、赵都邯郸、燕国燕下都，三都均西靠太行山，东依华北平原，地势居高临下，位居交通要道。建筑规制面朝背市、左祖右社有相同之处，以宫室为中心南北纵轴线的布局方式，为后来的都城建设规划奠定了基础。

邯郸涉县北关凤凰台一号墓出土的战国铜编钟

沧州任丘市扁鹊祠

扁鹊奠定中医“望、闻、问、切”四诊法

扁鹊，本名秦越人，渤海鄚县（治今河北任丘市鄚州镇）人，著名医学家。精通内治、外治、针刺、手术、药剂等方面的医术，通晓内科、外科、妇科、五官科、儿科，医术高超精湛，人称“医学之祖”。

扁鹊是中国脉学的始祖、中医药方的宗师，他创造性地总结出的“望（看气色）、闻（听声音）、问（问病情）、切（切脉）”的中医诊断法，奠定了中医临床诊断的基础，历经2000余年的发展完善，至今仍在中医中发挥作用。扁鹊使用的治疗方法多种多样，有砭法、针法、按摩、汤液、熨帖、手术等，反映了当时中国医学发展的水平。后世以扁鹊之名传世的《难经》《内经》《肘后方》等书籍，被医学家奉为经典。

石家庄平山县中山王墓出土的十五连盏灯

稀世珍宝

1974 年以来，在战国中山的都城遗址中发现了许多珍贵文物。如中山守丘石刻，约刻立于周安王二十四年（公元前 378 年），是目前发现的中国最早的碑碣石刻。

在中山王厝墓中，发现了大量稀世珍宝。其中的中山兆域图，是至今中国发现最早的建筑平面设计图实物，也是世界上发现最早的铜质建筑平面设计图。出土的酒，已埋藏近 2300 年，是目前世界上首次发现的古老实物酒。出土的船板，除使用卯榫结构外，还使用铁箍接拼，这种方法要比欧洲早千余年。中山王厝铜鼎、铜方壶和铜圆壶上的长篇铭文，反映出中山国在创造和发展汉字方面的贡献。至于错金银四龙四凤方案座、错金银虎噬鹿屏风底座、十五连盏灯、错银双翼神兽等，都是举世无双的珍宝。

石家庄平山县中山王墓出土的刻铭铁足铜鼎

石家庄平山县中山王墓出土的刻铭铜方壶

石家庄平山县中山王墓出土的错金银虎噬鹿屏风座

邯郸市的“胡服骑射”雕像

胡服骑射

周赧王八年（公元前307年），赵武灵王从实际需要出发，招募善于骑射的人，收编胡人的骑兵，改穿胡人服装，学胡人骑马射箭的方法，组织了强大的骑兵队伍，并取得拓土开疆的成就。

胡服骑射，标志着农耕文化与游牧文化的结合、华夏民族与游牧民族的融合，也是中国服饰史上的一次改革，引领了后来习胡服求便利的服饰潮流；首次把骑兵提到军队的主力地位，由此中国军队逐渐由车战时代进入了骑战时代；还带来了人们心理和思维方式的变化，强化了兼容并蓄、开放汲取的文化意识，为民族融合和国家统一奠定了心理基础。

邯郸武灵丛台

祖冲之设计的千里船

祖冲之计算圆周率图

祖冲之与圆周率

范阳遒县（今河北涞水县涞水镇北关）人祖冲之，对圆周率做出两大贡献：一是计算出圆周率在3.1415926与3.1415927之间；二是得出约率为22／7，密率为355／113。祖冲之计算出的圆周率，保持世界记录900多年。

祖冲之不但能解二次及三次方程，而且可解其系数有正负的方程。他所编制的《大明历》中规定一年为365.24281481天，与利用现代天文手段所计算出的日数仅相差50秒。他还重造了已经失传的指南车，创制了利用水力舂米、磨面的水碓磨，制造了能日行百余里的“千里船”等。

为纪念祖冲之，人们将月球背面的一座环形山命名为“祖冲之环形山”；将1888号小行星命名为“祖冲之小行星”。

《水经注》书影

郦道元与《水经注》

范阳涿县（今河北涿州）人郦道元所撰《水经注》，以水道为纲，对河流流经地区的自然、历史、社会风俗等做了详细记述。自然地理方面，记述河流 1252 条，从河流发源到入海，凡干流、支流、水量和水位季节变化以及沿河所经的急流、湖泊等都有翔实记载；记述地貌，高地有山、岳、峰等，低地有川、野、平原等；记述植物品种 140 余种、动物种类超过百种；记述金、银、铁等金属矿物与石油、煤炭等能源矿物；记述水灾、地震等自然灾害等等。人文地理方面，记述城邑 2800 余座、古都 100 余座、乡村等千余处；记述水利工程、耕作制度、水陆道路等；记述手工业的纺织、盐业、食品等；记述兵要、人口、民族地理；记述沿河发生的历史事件等等。

《水经注》不仅在中国而且在世界中世纪地理史上也具有重要地位。

保定涿州市郦道元故居

赵州桥

赵州桥，坐落在赵县城南的洨河上，又称安济桥、大石桥。修建于隋代开皇十五年（595 年）至大业元年（605 年），由李春主持建造。

赵州桥首创了敞肩拱的结构，既可减小主拱受力，减轻桥身自重，节省原材料，又有利于泄洪，增强桥体的稳固性。使用了坦拱，可以加大流水面积，减缓桥的坡度，方便来往的人马车辆。采用了纵向并列砌筑法，不但使各道拱券自成一体，而且修复也比较容易。在拱石间以腰铁相连，并用铸铁拉杆横贯拱背，增强其整体性。

1400 多年来，赵州桥经受了洪水冲击、地震破坏等灾害的考验，至今仍巍然屹立。

石家庄赵县赵州桥

唐代邢窑结带柄执壶

中国白瓷的发祥地

中国白瓷始于殷商作为祭祀礼器使用的白陶。白瓷是在含铁量低的瓷坯上施以纯净透明的釉，入窑经高温火焰烧成的白色瓷器，是在汉代烧制青瓷的基础上逐步改进发展起来的。邢州的窑工们凭借当地丰富的优质瓷土资源和率先掌握的烧造工艺，烧造出白瓷器。邢窑成为中国白瓷的发祥地。

邢窑以细白瓷著称，还大量烧制褐、黑、黄、绿、黑白、青黄等釉瓷和唐三彩等瓷种。邢瓷的物理性能与现代世界制瓷业的“硬质瓷”接近，为“硬质瓷”烧成于中国提供了证据，并把薄胎细瓷的起源，由明朝提前到隋代，向上追溯了近千年。

唐代邢窑蹲狮

沧州铁狮子

沧州铁狮子

传说沧州一带滨临渤海，经常发生海啸。百姓为消除水患，在后周广顺三年(953年)，自动捐钱，请名师李云铸铁狮，以镇海啸。

铁狮位于沧州旧州城(今河北沧县旧州镇东关村西)，长6.3米，高5.4米，宽约3米，总重量29.3吨。狮子身披障泥，背负莲花巨盆，前胸及臀部束带，头部毛发作波浪状，巨口大张作怒吼状，威武雄壮，气势磅礴。腹腔内铸有隶书《金刚经》文。

宋代五大名窑之一——定窑

宋代白瓷在唐代基础上进一步发展，定窑是继邢窑之后兴起的白瓷窑场，与官、哥、汝、钧窑并称宋代五大名窑(或称五大官窑)。

定窑遗址，在今河北曲阳县灵山镇涧磁村、野北、燕川等村，规模宏大。曲阳县古属定州，故名为定窑。定窑具有石料晶莹洁净、土质细腻软绵、水质甘醇清冽、煤炭蕴藏丰富等原料优势。始烧于唐朝，鼎盛于北宋，衰落于元代。

金代定窑四季花卉印花碗模

在工艺技术上定窑继承越邢二窑的优点，汲取铜镜、缂丝等艺术成果，熔会书法、绘画于一炉，自成一家。其刻印花装饰开创了白瓷装饰的先河，首创了双复线刻花刀法等技艺。

定窑首创支圈覆烧法，可在一个匣钵内利用多层垫圈多放器物，以节省空间，节约燃料，降低成本。燃料由烧木柴改用烧煤炭等，使烧造温度达到1300~1350°C，成为定窑从模仿到独具特色转变的关键。覆烧法亦奠定了芒口的形成和规范，导致了芒口镶金、镶银、镶铜等金装定器的产生。

石家庄正定县隆兴寺内的东方美神——倒坐观音像

石家庄正定县隆兴寺内的宋代小木作稀有遗物——转轮

千年古刹——正定隆兴寺

正定隆兴寺，俗称大佛寺，是中国现存历史悠久、规模较大、保存完整的千年佛教寺院之一。始建于隋开皇六年（586年），初名龙藏寺。唐景龙元年（707年），改为龙兴寺。宋开宝四年（971年）扩建，奠定了基本布局与规模。清代康熙四十八年（1709年），改名隆兴寺。

大悲阁内的铜观音菩萨像，高22.28米，是中国古代最高大的观音菩萨铜像之一。摩尼殿内宋代塑造的释迦牟尼、阿难、迦叶佛像，实属珍品。慈氏阁内的弥勒菩萨像，在宋代由独木雕刻而成。毗卢殿内的明代毗卢佛像，构成千佛绕毗卢的奇特格局。摩尼殿的倒坐观音塑像，表情闲逸自若，姿态端庄优雅，使宗教概念和生活典型形象达到了和谐统一。宋代木制转轮藏阁，分两层阁楼，把高大转轮安置在地面以下，是中国现存的宋代小木作的稀有遗物。

中国邮电部发行的郭守敬纪念邮票

郭守敬的发明创造

顺德邢台（今河北邢台市）人郭守敬，于至元十三年（1276 年），与王恂等奉命制订新历法，汲取各朝四十多家历法之长，进行大规模的四海测量工作，首次使用了“海拔”概念。至元十七年（1280 年）颁布的《授时历》，成为中国古代历法发展巅峰的标志，使用了 360 余年。历法中所确定的每年 365.2425 天，与地球绕太阳一周的实际时间只差 26 秒。

郭守敬发明了世界上最早的大赤道仪——简仪，世界上第一架太阳投影观测仪——仰仪，世界上第一台机械自鸣报时钟——大明殿七宝灯漏；他还发明并使用了滚柱轴承，等等。

至元二十九年（1292 年），郭守敬规划设计、主持开凿了通惠河，创造性地设立了白浮堰；为解决水位落差，创造性地设立了 24 座闸坝，被誉为世界水利史上的两大奇迹。

1970 年，国际天文学会将月球上的一座环形山命名为“郭守敬山”。1977 年，国际小行星研究会批准将 2012 号小行星命名为“郭守敬星”。

浑天仪，是中国传统的用于观测天体位置的天文仪器，郭守敬在浑天仪的基础上创新了简仪。

“天下第一关”匾额

万里长城第一关——山海关

山海关，位于河北秦皇岛市东北。明洪武十四年（1381 年），大将军徐达为防御蒙古势力的侵扰，用险制塞，修筑长城，建造关隘，设立山海卫，定名为山海关。

山海关城池与长城相连，以城为关。城高 14 米，厚 7 米，周长约 8 里，砖石包砌，十分坚固。全城有四座城门，并有瓮城等多种古代的防御建筑，是防御体系比较完整的城关。为防卫的需要，关城周围还建有数量众多的罗城、翼城、箭楼等城堡和星罗棋布的敌台、战台、墩台、烽火台，形成了以长城为骨干，以山海关为中心，彼此呼应，互为犄角，前防后卫，点线结合，布局合理的城防体系，成为中国历史上的著名军事重镇。

山海关曾经受过无数次血与火的洗礼，现在作为古代建筑的珍品，宝贵的历史文化遗产，不仅是名关险隘，而且成为中华民族的象征，寄托着中华儿女的爱国情思。

秦皇岛山海关城楼

保定易县清西陵

鸟瞰唐山遵化市清东陵

规模宏大的帝王陵墓——清东陵与清西陵

清朝在河北遵化马兰峪和易县太平峪建造了规模宏大、建筑体系完整的清东陵和清西陵。

清东陵陵墓建筑与自然环境水乳交融，浑然一体。从顺治十八年（1661 年）开始修建，到光绪三十四年（1908 年）完工，历时 240 余年。总面积约 2500 平方公里，包括五座帝陵、四座皇后陵、五座妃园寝等。在众多的建筑中，孝陵石牌坊巧夺天工；裕陵地宫的精美石雕，既是叹为观止的石雕艺术宝库，也是庄严肃穆的地下佛堂；定东陵三殿金碧辉煌，精美绝伦，殿前丹墀的凤引龙石雕匠心独运。

清西陵陵区犹似美丽的山水画卷。从雍正八年（1730 年）开始修建，到民国五年（1916 年）完工，历时 180 余年。总面积 800 余平方公里，有宫殿千余间、石建筑和石雕百余座。泰陵巍峨高大、雕饰精美的石牌坊，昌陵满堂宝石的紫花石墁地，昌西陵回音效果绝妙的回音石、回音壁，慕陵巧夺天工的金丝楠木雕龙殿，崇陵异常珍贵的铜梁铁柱等，皆体现着清代至民国年间的建筑艺术。

清东陵和清西陵，是在中国风水理论指导下形成的自然美与人文美和谐统一的、中国现存规模宏大体系完整的帝王陵墓群，是中国古代建筑的集大成之作，已作为人类文化遗产，列入《世界遗产名录》。

保定易县清西陵慕陵金丝楠木殿

远眺承德避暑山庄

民族文化艺术瑰宝——避暑山庄与外八庙

康熙四十年十二月十一日（1701年1月8日），清圣祖康熙踏勘时，发现热河地势良好，气候宜人，风景优美，兼具南秀北雄的特色；距离北京较近，内可俯视中原，外可怀柔蒙古；此地旧无居民，开辟为离宫别苑，不会侵害民间田庐，因此决定兴建热河行宫。康熙五十年（1711年），此地命名为避暑山庄。

避暑山庄共建楼、殿、阁等120余处，占地面积5.64平方公里，整个面积相当于两个颐和园，是中国现存最大的皇家园林。自康熙四十二年（1703年）始建，乾隆五十七年（1792年）完工，历时89年。建筑总体布局分为宫殿区和苑景区两大部分，环绕于山庄婉蜒起伏的宫墙长达万米。宫殿区由正宫、松鹤斋和东宫等组成。苑景区又可分成湖区、平原区和山区三部分。东南的湖区、西北的山区和东北的草原，正好呈现出中国版图的模样，堪称中国古代皇家园林的典范。

在建筑艺术上，避暑山庄融南化北于一处，移天缩地聚一园，荟萃名胜精华，融合儒佛道思想文化，是古典园林艺术集成之作。

坐落于避暑山庄周围的外八庙，是中国现存最大的皇家寺庙群，是清朝为加强边疆管理，团结蒙、藏等民族而兴建的。外八庙融合了满、藏等多民族建筑风格，是中华民族建筑艺术的宝库。

朴素淡雅的避暑山庄与金碧辉煌的外八庙，已作为人类文化遗产，列入《世界遗产名录》。

承德须弥福寿之庙

承德避暑山庄烟雨楼

中国古典小说艺术的高峰——曹雪芹与《红楼梦》

明清小说与唐诗、宋词、元曲相并列，是中国古代文学成就的标志，它的代表作是《红楼梦》《三国演义》《水浒传》和《西游记》。其中《红楼梦》博大精深，不仅是中国古典小说艺术的高峰，而且是世界文坛上的名著，为后世作家提供了丰富的艺术经验。

曹雪芹，祖籍丰润县（今河北唐山丰润区丰润镇，一说辽阳）。出生于权贵之家，受到良好的教育。中经家庭巨变，亲历世态炎凉。曹雪芹历经十载，增删五次，用深情和心血撰写《红楼梦》，但尚未完成他就去世了。高鹗续写了后四十回，使《红楼梦》得以流传于世。

《红楼梦》以贾宝玉、林黛玉、薛宝钗的感情和婚姻纠葛为中心线索，以贾宝玉与红楼女子等人的命运为基本内容，塑造了大量个性鲜明、形象生动、有血有肉的典型人物，展开了许多错综复杂的矛盾斗争，反映了广阔的社会生活画面和独到的人生体验，揭示出古代社会必然走向崩溃的历史命运。它把人对情感生活的满足放到了最高的位置上，用较富于人性之美的青年女性来否定社会中坚力量的士大夫，从而表现出对自由生活的渴望。曹雪芹精通诗词、金石、书画、医学、烹调，在描写贵族家庭的饮食起居、园林建筑、服饰摆设等方面真实而细腻，使得《红楼梦》具体、细致、生动地展示了广阔的社会生活场景。《红楼梦》不仅是具有历史深度和社会批判意义的小说，而且是一部百科全书式的文学巨著。

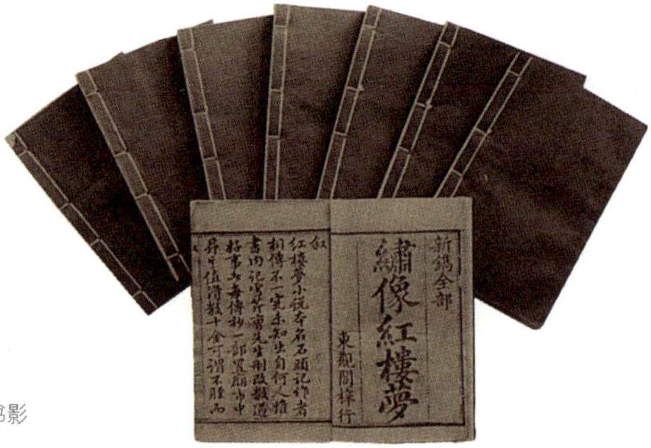

《红楼梦》书影

中国最早的铁路工厂——唐胥铁路修理厂于1881年制造的中国第一台蒸汽机车——龙号机车

北方民族工业的摇篮——唐山

“唐山市”名称源自于唐山（今大城山），明代在唐山附近筑唐山土城。清光绪五年（1879年），滦州开平镇（今河北唐山市开平区）桥头屯（亦称乔屯）凿井采煤，成为唐山市发祥地。光绪七年（1881年）设立乔屯镇。后改称唐山镇，规模逐渐扩大，1925年出现唐山市称谓，1946年正式设立唐山市。

光绪四年（1878年），在滦州开平镇设立开平矿务局，运用机械开矿采煤，成为唐山崛起的基础产业，并带动了一系列产业的发展。

光绪六年（1880年），兴建了中国第一条标准轨距铁路——唐胥铁路，1.435米的轨距作为标准定制沿用至今。开办了中国最早的铁路工厂——唐胥铁路修理厂，在此诞生了中国第一台蒸汽机车——龙号机车。光绪十五年（1889年），创办了中国第一家水泥工厂——唐山细棉土厂，生产出中国第一桶水泥。

唐山逐步发展成了以煤炭为龙头，涵盖能源、水泥、纺织、陶瓷、机械制造、交通运输等行业的工业城市，成为中国北方民族工业的摇篮，在诸多方面起到了开风气示范作用，促进了中国近代工业的发展。

1889年创办的中国第一座水泥工厂——唐山细棉土厂

京张铁路张家口站

孙中山视察京张铁路

中国第一条自主修筑的铁路——京张铁路

光绪三十一年（1905年），詹天佑奉命任会办（后升总办）兼总工程师，主持修筑京张铁路。

詹天佑亲自勘测了三条路线，综合衡量后，选择了从丰台经南口、八达岭到张家口的路线。同年，京张铁路开工。最艰巨的是南口至岔道城之间，叠峦重嶂，悬崖峭壁，必须开凿隧道方能通过。在没有开山机、抽水机和通风机设备的条件下，全凭工人们双手用铁锤、钢钎来开凿，并采用两端对凿法开凿了居庸关隧道，使用两端对凿和竖井开凿并举法开凿了八达岭隧道。首次把炸药爆破开山法应用于隧道开凿，八达岭隧道是中国铁路第一个超千米长的隧道。青龙桥一带山险坡陡，落差大，创造性地使用"之"字形折返线路代替通常的螺旋式线路，解决了火车爬坡难题。还就地取材，设计了一些具有民族特色的石拱桥，不仅节省了钢材，而且降低了工程造价。宣统元年（1909年），京张铁路全线通车，工期提前了两年，经费节省了28万余两白银。

京张铁路是中国第一条自筹资金、自主设计、自行修筑、自力经营的铁路干线，推动了自办铁路运动的发展。

近代将帅的摇篮——保定陆军军官学校

光绪二十八年（1902年），直隶总督袁世凯在保定创建了北洋行营将弁学堂，先后改名为北洋陆军速成武备学堂、通国速成武备学堂。光绪三十二年（1906年），袁世凯在保定创建了陆军军官学堂。宣统元年（1909年），通国速成武备学堂并入保定陆军军官学堂。1912年10月20日，保定陆军军官学校正式开学。1923年8月停办。

保定陆军军官学校教师多为留学生，受过系统的军事教育，教学有法。实行递进招生制度，学生经过陆小、陆中严格训练，精选进入军校。开设步兵、骑兵、炮兵、工兵、辎重兵五科。课程分为学科、术科两大类。学科有战术、兵器、交通等军事学课程，还有外文、理化、史地等普通知识课程。术科包括体操、劈剑、马术等。

保定陆军军官学校共培养了1万余名学生，其中获得将军军衔的1千余名。有北洋军阀和国民党的高级军政要人，如吴佩孚、蒋介石、白崇禧、陈诚等。有共产党的高级将领，如叶挺、赵博生、董振堂等。有民主党派的骨干，如李济琛、邓演达、季方等。有经过曲折道路投身于人民阵营者，如张治中、傅作义等。

众多的保定军校毕业生在北伐战争、抗日战争和解放战争中发挥了重要作用，对中国军事、政治、经济、外交等方面产生了巨大影响。

保定陆军军官学校师生合影

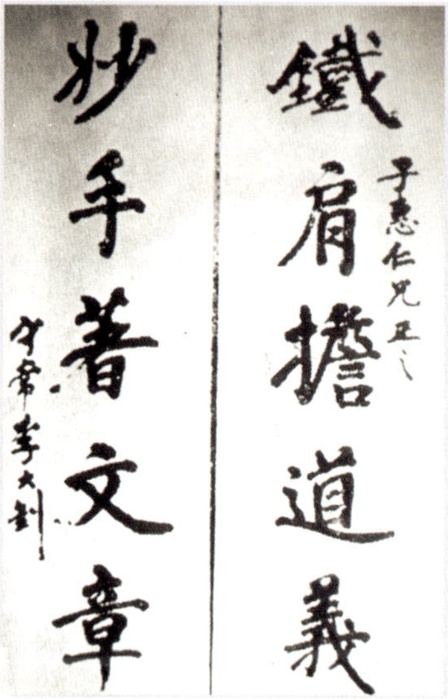

李大钊手迹

李大钊与马克思主义的传播

西方的坚船利炮打开了清朝闭关锁国的大门，惊醒了沉睡的中国人。首先传播马克思主义真理的是乐亭人李大钊 (1889 年 –1927 年)，他是中国共产党的主要创始人之一。

1918 年 7 月，李大钊发表了《法俄革命之比较观》；11 月，发表了《庶民的胜利》和《Bolshevism 的胜利》。1919 年 5 月，协助《晨报》开辟“马克思研究”专栏，陆续刊载《劳动与资本》的译文等。9 月，编辑《新青年》六卷五号为“马克思研究号”，发表《我的马克思主义观》，比较系统地介绍了唯物史观、政治经济学和科学社会主义的基本原理，标志着马克思主义在中国进入全面深入的传播阶段。1920 年 3 月，李大钊在北京大学秘密组织马克思学说研究会，翻译马克思著作，并以北京大学图书馆主任、教授身份，开设唯物史观研究、史学思想史、社会主义史等课程，使北京大学成为传播马克思主义的发源地之一。

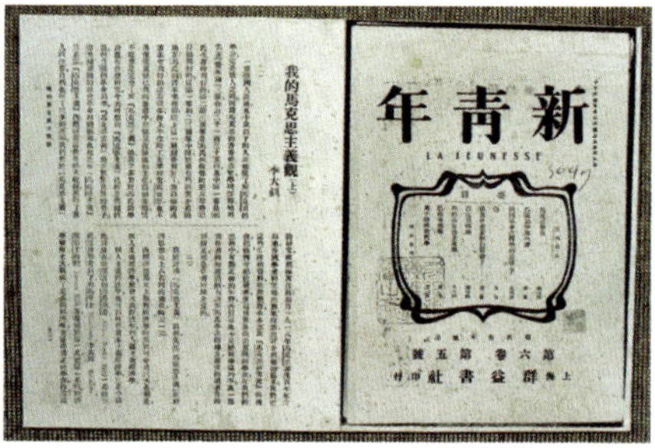

李大钊在《新青年》上发表的《我的马克思主义观》

李大钊不仅是马克思主义的传播者，还是社会主义思想的实践者，是中国第一个把马克思主义引进、信仰、传播与实践结合起来的人。培养了一代马克思主义者，为中国共产党的成立做了理论与组织上的准备，为马克思主义中国化提供了经验，也为毛泽东思想的形成奠定了基础。

裴文中发现中国猿人头盖骨

裴文中像

滦县西纪各庄（今属河北唐山市丰南区小集镇）人裴文中（1904年–1982年），1927年北京大学地质系毕业后到地质调查所工作。1929年主持周口店的发掘和研究。12月2日，在周口店龙骨山猿人洞发现了第一个中国猿人相当完整的头盖骨，把人类历史向前推了四五十万年，是中国古人类研究史上重要的里程碑。不但奠定了中国考古学在国际学术界的地位，还平息了19世纪以来围绕着印尼爪哇猿人的争论，证实了达尔文关于人类起源于古猿的理论，令中外学术界为之震惊。周口店猿人遗址随之成为世界人类学的宝库和人类文明进步的摇篮，1987年12月，被联合国教科文组织列入《世界遗产名录》。

华北抗战的中流砥柱

1937年七七事变后，日本侵略者大举进犯华北，国民党军队溃败，华北陷入混乱之中。在危急关头，共产党领导八路军开赴敌后，建立抗日根据地，开辟敌后战场，晋冀鲁豫边区成为华北抗战的中流砥柱。

晋冀鲁豫根据地处于战略枢纽的位置，辖190余县、2500万人口，军队由最初的14000多人发展到后来的30余万，是敌后七大抗日根据地之一。八年抗战期间，作战3万余次，歼灭日伪军19万余人。

朱德、彭德怀等率八路军总部进驻太行山区，太行山区成为华北抗日游击战争的心脏和指挥中枢。晋冀鲁豫根据地是八路军坚持敌后抗战的重要堡垒之一，也是华北抗战的前沿阵地和重要战场，为中华民族的解放和人民革命创立了不朽的功勋。

邯郸一二九师司令部旧址

毛泽东在七届二中全会上讲话

中国革命圣地——西柏坡

1947 年 7 月，刘少奇、朱德率中央工委进驻位置优越、经济发达、交通便利、群众基础坚实的建屏县（今属河北平山）西柏坡。1948 年 4 月，周恩来、任弼时率中央前委移驻西柏坡。5 月，毛泽东来到西柏坡。西柏坡成为中共中央领导解放全中国的最后一个农村指挥所。

1947 年 7 月，在西柏坡召开了全国土地会议，通过了《中国土地法大纲》，推动了解放区土地改革运动。1948 年 8 月，在石家庄召开华北临时人民代表大会，成立华北人民政府，为新中国民主协商、人民代表大会制度作了有益的尝试。

1948 年 5 月至 1949 年 3 月，毛泽东和中共中央在西柏坡部署和指挥了包括波澜壮阔的辽沈、淮海、平津三大战役在内的 24 个战役，取得歼敌 222 万余人的辉煌战果。

1949 年 3 月，在西柏坡召开了七届二中全会，提出在夺取全国政权后要经受住执政的考验，务必继续地保持谦虚谨慎、不骄不躁的作风，务必继续地保持艰苦奋斗的作风。

中共中央在西柏坡的辉煌历史和成功经验，铸就了伟大的西柏坡精神，西柏坡成为中国革命圣地。

石家庄平山县西柏坡三大战役指挥室

中　国　概　况　·　河　北

第三章

经济发展

- 经济总况
- 区域经济
- 工业、农业、服务业
- 外向型产业导向

经济总况

河北是经济大省，经济总量在全国一直名列前茅，正在努力实现从经济大省向经济强省的跨越。

2015 年，全省生产总值达 29806.1 亿元，比上年增长 6.8%，居全国第七位；一般公共财政预算收入完成 2648.5 亿元，比上年增长 8.3%；全社会固定资产投资完成 28905.7 亿元，比上年增长 10.6%；规模以上工业增加值完成 11244.7 亿元，比上年增长 4.4%。

河北把推进结构调整、化解过剩产能作为转变经济发展方式、调整经济结构的牛鼻子，着力加强供给侧结构性改革，实现由低水平供需平衡向高水平供需平衡的跃升。大力培育发展新动能，坚定不移地走绿色循环低碳之路，构建绿色产业体系和空间格局。实施千项新产品开发、千项名牌产品培育“双千工程”，建设一批国家级新型工业化产业示范基地，引领河北产业向中高端迈进。大力发展民营经济，完善扶持政策、优化发展环境、放宽市场准入，营造公平竞争的市场环境，民营经济增加值占全省生产总值的比重达到 67.7%，15 家企业进入全国民营企业 500 强，居全国第 7 位。大众创业百花齐放、万流奔涌，2015 年新增市场主体 73.87 万户，全省市场主体总量达到 327.7 万户，居全国第 8 位。

首钢京唐钢铁联合有限责任公司

集装箱码头

唐山曹妃甸新区一角

区域经济

京津冀协同发展是河北面临的千载难逢的机遇，河北大力推动京津冀协同发展，立足京津冀区域整体功能定位和河北“三区一基地”——全国现代商贸物流重要基地、产业转型升级试验区、新型城镇化与城乡统筹示范区、京津冀生态环境支撑区定位，精准确定功能分区，精准承接北京非首都功能疏解和产业转移，精准打造发展平台和载体，率先在交通、生态环保、产业三个重点领域实现突破，开创区域合作新局面，努力在京津冀协同发展中实现加速崛起。出台推动京津冀协同发展实施意见，签署并实施与京津战略合作框架协议。坚持绿色崛起，推动重点卫星城市和重点园区的建设，使之

京沪高铁穿过廊坊市区

成为京津城市功能疏解的新空间、要素移动的新基地、央企项目布局的优先地。设立100亿元的PPP京津冀协同发展基金。稳步推进京冀曹妃甸协同发展示范区、北京新机场临空经济区、京冀中关村（正定）集成电路产业基地、京冀“沧州渤海新区·北京生物医药产业园”、津冀芦台协同发展示范区等京津冀共建园区，与北京、天津和铁路总公司联合成立了京津冀城际铁路投资公司，与天津共同组建了渤海津冀港口投资发展有限公司，河北机场集团纳入首都机场集团管理。总投资120亿元的北京现代第四工厂落户河北沧州。河北独特的区位优势正加速转化为发展优势。

河北全力打造沿海率先发展区，推动唐山、沧州、秦皇岛发挥沿海开放优势，主动融入环渤海合作发展大格局，加快曹妃甸区、渤海新区、北戴河新区建设，打造全省开放型经济引领区和战略增长极。曹妃甸区首钢京唐公

邯郸开发区

沧州渤海新区

秦皇岛北戴河

司二期工程正式启动，建成投产后首钢京唐公司将成为年生产能力国内最大的单体钢铁厂。黄骅港口岸综合港区扩大开放获得国家批复，助推黄骅港建设区域性航运中心和物流中心。

河北打造冀中南功能拓展区，推动石家庄、邯郸、邢台、衡水强化先进制造业发展、科技成果产业化、高新技术产业发展和农副产品供给功能，着力建设正定新区、冀南新区、邢东新区、滨湖新区，加快形成城乡统筹发展的重要示范区。冀中南地区协调发展开创新局面。省会城市建设提速，石家庄轨道交通、正定新区等发展示范区建设加快推进，北京凌云化工整体搬迁至邯郸，河北与天津正在共建涉县天铁循环经济示范区。

工业、农业、服务业

“冀中能源号”飞机翱翔蓝天

工业

河北是工业大省，全部工业增加值达到12626.2亿元，规模以上工业增加值达到11244.7亿元。河北大力推进工业强省战略，实施钢铁精品化、装备拓展升级、石化链条延伸等12个专项，抓好战略性新兴产业、技术研发与创新能力“双百项目”建设，即百项高新技术产业化项目、百项产业技术研发及创新能力建设项目，推动产业迈进中高端，加快河北制造向河北创造的转变。2015年，河北装备制造业、高新技术产业增加值占规模以上工业增加值的比重分别达23.7%、16%。河北钢铁集团、冀中能源集团、开滦集团3家企业稳居世界500强，26家企业上榜中国500强。

河北钢铁工业产能占全国的1/5强。新一代可循环钢铁流程技术，催生了河北钢铁爆炸式的增长，年产量连续15年稳居全国首位。北京奥运鸟巢、三峡工程，美国旧金山新海湾大桥，中国“神舟”五号飞船、“嫦娥”1号探月卫星，都融入了河北钢铁元素。近年来，河北组织实施钢铁产业结构调整方案，坚定淘汰落后产能，积极化解过剩产能，促进节能减排和产业升级，累计压减炼铁产能3391万吨、炼钢4106万吨，全省钢铁行业落后产能全部淘汰完毕。产品结构和档次不断提升，实现了以建筑用材为主向制造业用材和建筑用材均衡发展，钢材品种实现了全覆盖，畅销150多个国家和地区，出口量占全国的30%，正在实现由钢铁大省向钢铁强省的转变。河北钢铁集团作为全国第一、世界第二大钢铁企业，以“三高一新”即高技术含量、高附加值、高市场占有率和新型钢铁材料带动集团品牌的高端化、普通产品的精品化。2015年河北钢铁集团竞争力升至全国第二。河北钢铁集团舞钢公司研制开发的大厚度电渣钢，是中国大飞机制造所需模锻压机的原材料用钢，填补了国内空白。河北钢铁集团邯钢公司的大型轧钢厂淬火线，是世界首条使用水雾冷却进行钢轨在线热处理的先进生产线，其工艺原理、设备控制等方面均为国际领先水平。

河北钢铁集团唐山钢铁公司

长城汽车股份有限公司轿车生产车间

河北拥有长城汽车、保定天威、唐山轨道客车、新兴铸管、山海关船舶等一大批享誉国内外的装备制造业企业和品牌，汽车及其零配件、输变电、高速动车、通用飞机等优势明显。河北推进装备制造产业集聚区建设，确定了保定中国电谷、华北轻型汽车城、秦皇岛重大设备出口基地、曹妃甸新区、渤海新区等30多个省级产业聚集区。依托保定天威、唐山轨道客车、宣化工程机械、中钢邢机冶金轧辊等骨干企业为核心形成10大装备产业制造基地，实现规模化、集群化发展。长城汽车被世界级专业经济媒体《金融时报》誉为“中国汽车业的黑马”；唐山轨道客车公司自主研制的新一代设计时速380公里的CRH280B动车组是名副其实的世界铁路“第一速”；中信戴卡公司生产的汽车铝轮毂实现全球配套；沧州宏润重工研发出世界最大的5万吨垂直热挤压机组；石家庄欣意电缆生产出国内唯一的稀土高铁铝合金电缆；首架国内组装的赛斯纳凯旋208B飞机在石家庄中航赛斯纳飞机公司下线；北汽黄骅生产基地和山海关百万吨造船项目建成投产。

沧州大化集团

河北石化工业已经形成比较完整的产业体系，拥有沧州大化集团、唐山三友集团、旭阳焦化集团等一大批实力雄厚的化工企业集团，正在加快转型升级的步伐。推进原油炼化一体化，加快推进华北石化千万吨炼油升级改造项目；加快发展新型煤化工，支持煤焦油深加工、粗苯加氢精制等；支持离子膜烧碱扩能改造，延伸氯碱上下游产业链，发展高性能、绿色环保和高附加值的染料、涂料、电子化学品、生物技术产品等。加快建设石家庄循环化工、渤海新区高端化工等基地，中石化曹妃甸千万吨级炼油项目。

唐山轨道客车有限责任公司时速 350 公里动车组总装配生产线

邯郸海盛威纺织印染有限公司生产车间

石家庄制药集团生产车间

河北建筑建材、食品医药、纺织服装等其他传统产业，形成了惠达陶瓷集团、秦皇岛耀华集团、冀东发展集团、露露集团、常山纺织集团、华北制药集团、石家庄制药集团等一批行业领军企业。经过多年的发展，具备明显的产业优势。石家庄制药集团恩必普荣获被誉为中国工业“奥斯卡”的“中国工业大奖”，是历次评选中唯一获“中国工业大奖”的制药企业。水泥产量达13000万吨，占全国水泥产量的6%；水泥大型化和主机装备技术世界领先，采用水泥窑烟气脱硝技术，排入大气的氮氧化物浓度300毫克/标立方米以内，粉尘排放浓度10毫克/标立方米以内，达到或超过欧盟标准。河北是玻璃产业的摇篮，玻璃产业研发、设计、生产、深加工及服务体系健全，平板玻璃年产一亿吨重量箱，约占全国产量的12%。河北传统产业升级改造的主要任务是：开发生产新型墙体、防水、保温等建筑材料，新型干法水泥熟料，加快建设沙河玻璃制造及深加工基地；推进家电、家具等产业集群发展。在葡萄酒、乳制品等行业全面推广食品企业诚信体系建设，建设一批特色食品基地。加快发展高档皮革制品；培育发展高性能纤维及复合材料，加快发展服装、家用、产业用纺织品，支持高阳纺织循环产业园建设。推进创新药品研发和产业化，发展高附加值抗生素原料药与制剂；积极拓展中药、民族特色药新兴领域，支持安国中药都建设。

河北培育壮大战略性新兴产业，大力发展先进装备制造、以大数据为重点的电子信息、生物医药、新能源、新材料、节能环保、新能源汽车等新兴产业，加快培育壮大以高铁动车、数控机床、工业机器人、工程机械等为重点的先进装备制造产业集群，以大数据、云计算、集成电路、卫星导航及位置服务等为重点的新一代信息产业集群，以现代中药、基因工程药物、新型制剂等为重点的生物医药产业集群，以光伏、风电、核电、地热、储能电池、智能电网等为重点的新能源和清洁能源产业集群，以液晶显示、碳纤维、亚稳材料、石墨烯等为重点的新材料产业集群，以环境监测装备、烟气治理装备、污水处理设备、大宗固废利用等为重点的节能环保产业集群，打造行业发展局部强势。高新技术产业稳步增长，规模不断扩大，2015 年全省规模以上工业高新技术产业完成增加值 1245 亿元，比上年增长 11.6%；光伏产业形成了从高纯硅材料制造、硅片生

英利集团为德国世界杯足球赛场生产安装的光伏屋顶工程

新奥博为技术有限公司生产的柔性加工机器人

产、太阳能电池制造、光伏组件封装到光伏发电系统建设，以及光伏设备生产的完整光伏产业链，光伏组件产能占中国产能的31.3%，占全球产能的10.3%，单晶硅产量连续六年居世界第一位。河北战略性新兴产业涌现出大批知名企业及特色产业基地：保定“中国电谷”是国家首批认定的两个国家新能源产业高技术产业基地之一；英利集团已建立起世界第二、中国第一的全产业链光伏电池生产体系；晶龙集团是世界上最大的太阳能单晶硅生产基地；华北制药重组人血白蛋白DMF文件通过美国FDA审核，取得了DMF文件号；京南生物医药产业高地——廊坊固安肽谷生命科学园加速崛起，吸引了博雅干细胞集团、北京大学分子医学研究所动物中心、北京博辉瑞进生物科技等一批高端生物医药项目落户；“白石山国家中美科技国际创新园”和“高碑店国家建筑节能技术国际创新园”被科技部认定为“国家国际创新园”。

华北制药集团生物制剂生产线

邢台优质小麦基地

农业

河北是农业大省，加快转变农业发展方式，不断提升农业综合生产能力，大力发展高效、优质、生态、品牌农业，加速推进农业农村现代化，集中力量建设环京津、沿渤海、沿燕山—太行山优质农产品产业带，大力建设京津冀菜肉蛋奶生产供应基地、绿色食品生产加工物流基地，推动农业大省向食品大省转变。河北千亩以上农业园区已发展到703个，国家级现代农业示范区达到13家。

唐山瑞阳生态大观园

邯郸东武仕水库

张家口察北管理区奶牛养殖

设施蔬菜

河北是产粮大省，推进4000万亩粮食生产核心区建设，实施“渤海粮仓”科技示范工程，发展节水旱作农业，粮食总产量达到3363.8万吨。畜牧、蔬菜、果品三大优势产业规模扩大，产值占农业总产值的71%。肉、蛋、奶产量分别达到462万吨、373.6万吨、473.1万吨；蔬菜总产量达到8243.7万吨；拥有晋州鸭梨、赞皇大枣等20多个通过国家地理标志认证的区域特色果品。渔业生产稳定增长，水产品产量达到129.3万吨。加快食品工业大省建设，依托特色果品基地培育形成了承德“露露”“长城”葡萄酒等国家级农业产业化重点龙头企业和“六个核桃”、富岗苹果等省级农业产业化重点龙头企业。农业产业化经营率达到65.6%，比2010年提高6.9个百分点。安国现代中药工业园区等9个园区被确定为国家农业产业化示范基地。

河北加强以水利为重点的农业基础设施建设，大力实施农业高效节水灌溉工程，发展节水农业。多年来，河北用占全国0.7%的水资源，生产了6%的粮食。通过田间节水工程与农艺节水、生物节水并用，建设一批节水农业示范区，大力推广测墒节灌、地膜覆盖、膜下滴灌、喷灌、微喷灌、水肥一体化等节水农业技术。

张家口高新区姚家房兰花基地

服务业

河北突出发展现代服务业，积极拓展现代服务业发展新领域，优先发展生产性服务业，大力发展生活性服务业，积极发展高端服务业，实施智慧物流、信息服务、金融服务、科技服务、电子商务、工业设计、文化创意、旅游休闲、健康养老等重点行业发展行动计划。推动商贸物流与现代经营手段相结合，建设全国现代商贸物流重要基地。2015 年服务业增加值占生产总值的比重达 40.2%，对经济增长的贡献率达 59%。电子商务迅猛发展，电子商务产业体系基本形成，2015 年电子商务交易额达 14545 亿元。河北钢铁电子交易中心、秦皇岛海运煤炭交易市场、河北农产品电子交易中心等 10 个大宗商品交易平台和 50 个县域特色产业电商平台建成运营；“专业市场 + 电子商务”的“清河模式”成为中国电商集群发展三大典型之一；石家庄市、清河羊绒电子商务产业园先后被认定为国家电子商务示范基地；河北大数据交易中心正式启动，成为全国第一家数据资产证券化服务机构、华北地区第一家数据资产交易平台；迁安钢铁物流产业聚集区、曹妃甸物流产业聚集区等 22 个聚集区建设初具规模；邯郸国际陆港正式开港运营，成为国内首座集海铁联运、公铁联运、空港集疏运为一体的现代物流园区。

廊坊会展中心

秦皇岛海底世界

夜幕下的廊坊万达广场

商场一角

外向型产业导向

开发区

河北把开发区作为扩大开放的载体，深入实施开发区产业倍增三年推进计划，着力打造实力园区、特色园区和国别（地区）园区。秦皇岛、邯郸、唐山海港等10家主营业务收入千亿元开发区初具规模，大城气雾剂、枣强玻璃钢等50家特色产业开发区加快发展，高碑店中德门窗产业园、中捷高新区（中欧产业园）等30多家国别（地区）产业园建设稳步推进。目前，河北省级以上经济开发区、高新技术产业开发区达到240多个。配套设施齐全、投资环境优越的河北开发区为中外企业提供了良好的发展平台，吸引了美国沃尔玛、德国西门子、法国家乐福、日本松下、韩国三星等80多家跨国公司，中石油、中石化、中海油、中国装备集团、首钢、美的、华为等众多央企、民企纷纷落户。

秦皇岛经济技术开发区。秦皇岛经济技术开发区是1984年经国务院批准设立的首批国家级经济技术开发区之一。全区规划控制面积128平方公里。分东区、西区两区，东区位于万

秦皇岛经济技术开发区

里长城的起点山海关老龙头东侧，西区紧邻著名避暑胜地北戴河。拥有海岸线 6 公里，海域面积 23.81 平方公里。

建区以来，秦皇岛开发区从无到有，由小到大，经济实力显著增强。2015 年，完成地区生产总值 265.76 亿元，占全市的 21.3%；财政收入 42.51 亿元，占 20.5%；规模以上工业主营业务收入 672.96 亿元，占 52.3%；实际利用外资 1.89 亿美元；到位内资 133.48 亿元。

在全力打造优质高效服务软环境的同时，秦皇岛经济技术开发区不断创新项目载体和平台。目前已成为国内少有的集国家级开发区、出口加工区、大学科技园、高新技术创业服务中心和省级软件产业基地等政策优势和载体服务于一体的经济强区。

在招商引资方面，开发区立足实际，充分发挥得天独厚的区位、产业、资源、物流、人才优势，准确定位，全力推进定向招商、产业招商。截至 2015 年底，全区实际到位外资 30.72 亿美元；引进内资 1001.26 亿元。目前

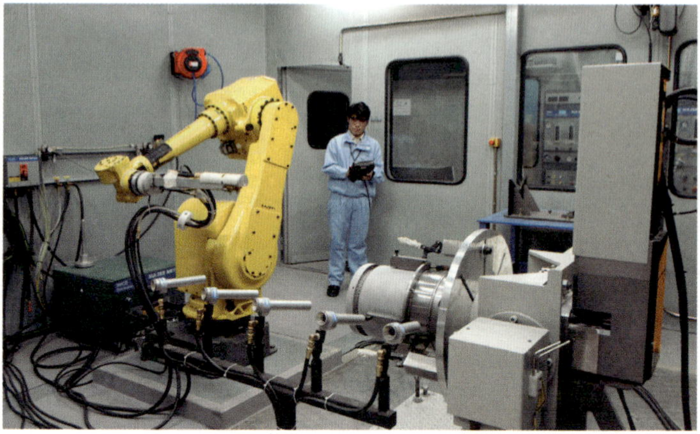

秦皇岛经济技术开发区内的
GE 中国能源技术服务中心

已有美国、英国、德国、日本、澳大利亚、韩国、新加坡和香港、台湾等35个国家和地区的客商，包括美国通用电气、美国铝业、ADM，德国德玛格、威乐、KHS，英国TI，澳大利亚邦迪，韩国LG、浦项、三养，日本旭硝子、伊腾忠，泰国正大，新加坡丰益，丹麦艾尔姆，瑧鼎科技、万基以及中信、中粮、中油、中远、中船、中包、首钢、京能、广东控股、哈动力、天威、耀华、华龙日清等一大批世界500强企业、跨国公司和国内知名大企业在区内投资兴业。产业聚集效应凸现，发展速度日益加快，增长势头日益强劲，形成了粮油食品加工、汽车及零部件、重大装备制造、冶金及金属压延和高新技术等特色产业。

秦皇岛经济技术开发区内的
金海粮油公司生产线

石家庄高新技术产业开发区。石家庄高新区是1991年3月被国务院批准设立的首批国家级高新区。经过20余年的发展，石家庄高新区已成为石家庄市高新技术产业、战略性新兴产业的核心集聚区和自主创新的

重要基地。石家庄高新区是河北唯一的国家火炬计划软件产业基地、河北十大工业基地之一，还是国家创新药物孵化基地、国家知识产权试点园区、国家医药新型工业化产业示范基地、国家产学研合作创新示范基地，拥有国家级创业中心、国家级大学科技园、国家级博士后工作站等近 20 个国字号品牌。目前，区内共有各类企业 5000 多家，其中，工业企业 1500 多家，高新技术企业 175 家，科技型中小企业 680 家，上市企业 20 多家。拥有市级以上的企业技术中心和工程技术研究中心 81 家，其中国家级 8 家，省级 28 家，市级 45 家。目前已形成以石药集团、以岭药业、石家庄四药为代表的生物医药产业，以中电科集团 54 所和 13 所、诚志永华、旭新光电为代表的电子信息产业，以石家庄格力电器、欣意电缆、国祥制冷、博深工具为代表的先进装备制造产业，以石家庄科技中心、石家庄联通、河北航天信息为代表的现代服务业等四大主导产业。河北省（石家庄）高端医药产业园、石家庄格力家电产业园、河北（石家庄）高端环保产业园也已落户高新区。

石家庄高新区交通便利，高速铁路、高速公路 2 小时车程内可通达三省（山东省、山西省、河南省）、两个直辖市（北京、天津）、两个港口（天津港、黄骅港）。石家庄机场已开通 40 多条国内、国际航线，通达上海、深圳、香港等国内 30 多个大中城市及俄罗斯、韩国等国家。

保定高新技术产业开发区。保定高新区是 1992 年 11 月经国务院批准建立的国家级高新技术产业开发区之一。经过 20 余年的发展和壮大，保定高新区形成了以新能源与能源装备产业为特色，以软件、新材料、生物制药等为补充的高新技术产业体系。全区各类企业达到 3000 多家，其中高新技术企业 70 多家。

发挥新能源与能源装备制造产业集

石家庄高新技术产业开发区内企业

群优势，2006 年，保定市提出“中国电谷”发展战略，依托高新区，打造中国新能源产业战略发展平台。目前，“保定·中国电谷”在光电、风电、节电、储电、输变电与电力自动化设备六大产业领域保持集聚优势，相关企业 170 多家；英利、国电联合动力、天威、中航惠腾等光电、风电、输变电知名企业保持同行业领先地位，并带动形成“中国电谷”光电、风电两大完整产业链条。“中国电谷”新能源产业的鲜明特色，在国内形成了独特的产业品牌，吸引了中国兵装集团、国电集团、国家开发银行等国字号大集团、金融机构加盟合作。

“保定·中国电谷”先后被国家发改委、科技部、商务部、工信部等部委确立为“国家高技术产业基地”、“国家可再生能源产业化基地”、“国家科技兴贸出口创新基地”、“国家新型工业化产业示范基地”、“国家太阳

保定国家高新技术产业开发区

驻北京国外新闻媒体记者采访保定国家高新技术产业开发区内的中国电谷

能光伏发电应用集中示范区”，世界自然基金会将保定列入中国首批启动的“低碳城市发展项目”。“保定·中国电谷”以鲜明的区域品牌特色，成为河北省调整产业结构、发展新型现代产业的战略平台，正在发展成为中国新能源装备产业的制造中心、信息中心和创新中心。

当前，把握以新能源为代表的低碳绿色产业发展机遇期，保定高新区继续做大做强“中国电谷”，130平方公里的“生态电谷，低碳新城”宏大规划已全面启动，正在为低碳和谐发展做出新的贡献。在未来发展中，保定高新区将建设成为区域产业转型发展的“孵化器”、创新驱动发展的示范区、高端技术人才的聚集区和低碳文明生态的新城区。

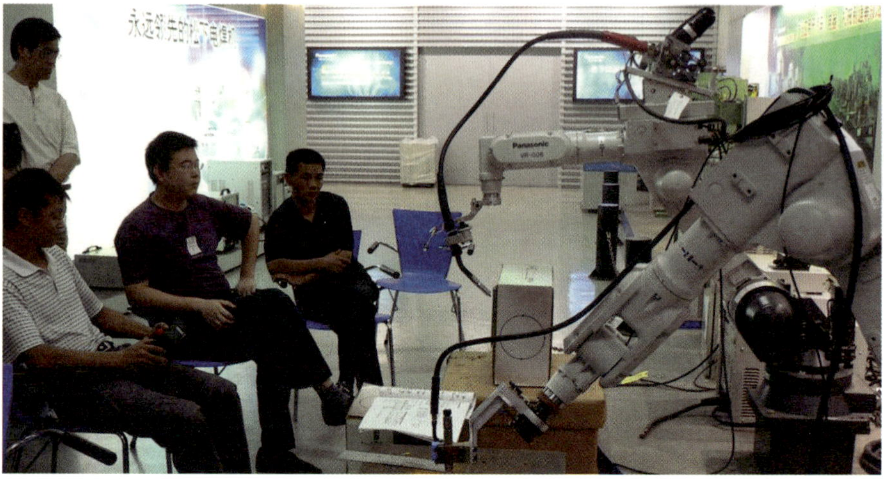

唐山高新技术产业开发区内的外资企业

唐山高新技术产业开发区。唐山高新区成立于1992年4月，2010年11月，升级为国家高新技术产业开发区。

2015年，唐山高新区完成地区总产值113亿元，同比增长10%；营业总收入550亿元，同比增长10%；高新技术产业产值155亿元，同比增长10.75%；全社会固定资产投资78亿元，同比增长20%；实际利用外资9032亿元，同比持平。

唐山高新区拥有科技部批准的国家火炬计划焊接产业基地和国家级特色机器人产业基地，其中焊接产业基地规模为中国第一、世界前六；机器人产业基地现有中厚板焊接机器人、矿用抢险探测机器人等已经实现或具备产业化生产条件，预计到2017年打造成全国最大的专用机器人产业基地。此外，在生物、节能环保、新一代信息技术、新能源、新材料等产业领域也均有领军企业。

唐山高新区聚集了唐山市50%以上的高新技术企业和90%以上的软件企业，建设了国家级高新技术创业中心、归国留学人员创业园、高校科技园、软件园等创新创业平台。引进了中科院在中国北方地区建立的第一家与地级市合作的技术研究与转化机构——中科院唐山高新技术研究与转化中心。研制成功了国内第一台矿用抢险探测机器人、第一台250吨米焊接变位机、第一台12000吨多向模锻液压机等，开创了40多项“全国第一”。

唐山高新区现有外资企业79家，涉及日本、法国、英国、德国、香港等14个国家和地区，并有日本松下、神钢、爱信精机、伊藤忠，法国赛诺菲、安盛保险，英国汇丰银行、华润燃气等8家世界500强企业。日资工业园引进日资企业23家，为全省日资企业最密集区域之一。此外，中冶、海螺、冀东发展等国内知名企业纷纷在高新区投资建厂。

丹麦政要参观位于廊坊的威卢克斯公司中国总部

招商引资

河北高度重视招商引资工作。加快转变政府职能，加强服务型政府建设，大力简政放权，提高政府效能，非行政许可审批事项全部取消，省级审批事项精简至 485 项，实施商事登记“三证合一”“一照一码”，努力为中外客商营造良好的投资和发展环境。举办的香港投洽会、“5·18”国际经贸洽谈会、厦门投洽会等经贸活动，成为中外客商了解河北、走进河北的交流平台，河北唐山市还是 2016 年世界园艺博览会和中国—中东欧国家地方领导人会议的举办地。2015 年全省实际利用外资 73.7 亿美元。

韩国独资企业三河世原汽车科技有限公司生产车间

对外投资

拥有钢铁、水泥、平板玻璃、光伏等优质产能的河北，坚定不移地实施“走出去”战略，鼓励优势产业、重点企业积极参与国际竞争，通过投资入股、兼并重组、股权交易等方式，或在境外投资建厂开发资源，或在当地建设产业园区，进行资源深加工，不仅实现企业转型升级，也促进产能合作国家的经济社会发展，努力打造国际产能合作新样板。其中，河北钢铁集团在加拿大、澳大利亚、新加坡、南非等多个国家设立子公司或合资公司 20 余家，2014 年并购全球最大钢铁贸易与综合服务商瑞士德高国际贸易投股公司，在南非开工建设 500 万吨钢铁项目，这是迄今为止中国在海外投资建设的最大规模全流程钢铁项目。邢台德龙钢铁有限公司与泰国 permsi 钢铁公司等 3 家企业合资，在泰国建设年产 600 万吨热轧窄带钢项目。河北文丰实业集团在智利投资设立圣铁矿业有限公司，开发建设阿塔卡玛大区黑熊铁矿项目。霸州新亚金属制品公司收购印尼爪哇太平洋有限公司 30% 股权。长城汽车 15 万辆整车项目在俄罗斯图拉州乌兹洛瓦亚工业园奠基。石家庄制药集团在美国投资设立新药产品研发中心，成为河北省完成的第一个境外技术研发项目。冀东发展集团在南非年产 100 万吨水泥项目成功签约，成为中国与南非合作的典范。沙河

壮大玻璃公司联手坦桑尼亚皮百特集团，在当地建设玻璃生产基地，使河北玻璃实现“非洲制造”，提供近千个就业岗位。

河北将进一步引领优势产业积极开展境外产能投资合作。钢铁产业，将以非洲和周边新兴市场国家为重点，通过绿地投资、并购等方式，建立生产基地，实现跨境产能合作；水泥产业，将以非洲、东南亚等国家为重点，发挥企业技术、装备、设计、工程建设等方面的综合优势，建立境外生产基地，实现跨国经营战略布局；玻璃产业，将以周边国家和中东欧国家为重点，鼓励和支持河北民营企业与当地企业、跨国公司合作，加强产业链上下游协调配合；新能源光伏产业，将推动河北省重点企业到欧洲、北美投资合作，建设光伏电站和光伏组件加工项目，带动相关产品和设备输出。

河北钢铁集团邯钢公司机械化原料大棚

对外贸易

河北主动融入“一带一路”战略，已与世界 200 多个国家和地区建立了经贸关系，2015 年进出口总值完成 3192.4 亿元人民币，年均增长 7.8%，其中出口总值完成 2042.1 亿元人民币。欧盟、澳大利亚、巴西、美国、俄罗斯、韩国等国家和地区为河北主要贸易伙伴。河北出口产品结构不断优化，形成了“长城汽车”“英利光伏产品”“戴卡轮毂”“华北制药”“惠达陶瓷”等几十个知名出口自主品牌。服务贸易和服务外包规模

长城汽车装船出口

进一步扩大，建立了河北国际服务贸易信息网等服务外包公共服务平台，推动正定现代服务产业园区、秦皇岛数据产业基地加快发展，支持廊坊信和软件、石家庄大地电脑等服务外包骨干企业做大做强。实施跨境电子商务“2212 工程”，力争到 2017 年，培育 200 家跨境电子商务示范企业，搭建 20 个跨境电子商务平台，建设 10 个跨境电子商务园区，建成 20 个跨境电子商务公共海外仓，跨境电子商务年交易额占全省外贸进出口总值的比重超过 10%。

外国客商在河北企业展位参观

外商在华北制药集团金坦公司

中　国　概　况　·　河　北

第四章

环境与风光

- 生态环境
- 名胜古迹
- 自然风光
- 自助旅游推荐线路

生态环境

河北坚持绿色富省、绿色惠民，围绕打造京津冀生态环境支撑区，牢固树立绿水青山就是金山银山的理念，深入实施山水林田湖海生态保护和修复工程，坚定不移地走绿色低碳循环发展之路，着力解决环境污染问题，促进产业结构绿色化转型，完善生态文明制度体系，加快推进人与自然和谐共生，努力实现河北永续发展。

河北开启了生态治理强制模式。加强以大气污染防治为重点的生态建设，把环境治理作为基本民生工程，密集出台并强力推进大气污染防治的一系列整治措施，大力实施压能、减煤、控车、降尘、治企、增绿等重点工程，深入推进钢铁、水泥、电力、玻璃四大行业污染治理，开展燃煤发电机组超低排放升级改造。“十二五”期间，河北累计淘汰黄标车和老旧车 147 万辆，拆除燃煤锅炉 2.1 万台，关停整治露天矿山 505 个，提前一年完成“十二五”减排目标。开展“利剑斩污”专项行动，严厉打击各种环境违法行为，稳定提升大气质量。2015 年全省 PM2.5 平均浓度比 2013 年下降 28.7%。

沧州市运东污水处理厂

燕山 ▶

秦皇岛野生动物园

河北全面启动山水林田湖生态修复规划。白洋淀、衡水湖项目列入国家湖泊生态修复试点。节水灌溉和节水小麦品种正加快普及推广。境内 14 条重污染河流综合整治取得积极进展。实施清洁能源替代工程，积极推广太阳能入户，推行分布式能源建设，着力促进生态环境改善。

2015 年，全省完成造林面积 34.3 万公顷，其中人工造林完成 28.4 万公顷。林业重点工程完成造林面积 13 万公顷，占全部造林面积的 37.9%。全民义务植树 1.1 亿株。全省森林覆盖率为 31%。截至 2015 年底，自然保护区达到 46 个，其中国家级自然保护区 13 个，省级自然保护区 26 个。

张家口尚义县察汗淖尔湿地

名胜古迹

河北是中国的旅游资源大省，拥有国家级文物保护单位278处，居全国第三位；省级文物保护单位930处，居全国前列。拥有长城、避暑山庄及周围寺庙、清东陵和清西陵、大运河（河北段）4项世界文化遗产；邯郸、保定、承德、正定、山海关5座国家级历史文化名城。河北现有各级各类景区景点600多个，其中，中国优秀旅游城市10座，国家级风景名胜区10处，国家5A级旅游景区6家，国家级森林公园27个，世界地质公园2处。

河北大力发展旅游业，2015年共接待海内外游客3.72亿人次，旅游总收入3433.97亿元，同比分别增长18.09%和34.06%。持续推进景区改造提升，涌现出了野三坡、白石山、娲皇宫、崇礼滑雪等一大批在全国叫

得响的精品景区。着力规范旅游市场秩序，在全国率先制定实施了旅行社等级评定地方标准，对全省旅行社开展等级划分与评定，并制订完善多项规章制度和法律文书，实现了旅行社标准化和动态化管理。

河北全方位对接北京和天津，京津冀旅游协同发展加快推进。与北京和天津成立了“京津冀旅游合作发展联盟”，共同编制和推出了一批旅游精品线路，推动发行京津冀旅游一卡通和自驾游护照，在北京建立“河北旅游营销中心”；推动旅游交通一体化，开通“西柏坡号”、“大好河山张家口号”、“正定号”、“衡水湖号”等多趟旅游专列，开通“北京—承德”、“北京—南戴河”、“天津—山海关”等多条旅游直通车，共同打造京津冀旅游圈。

石家庄正定古城

名胜古迹

长城

长城是古代中国在不同时期为抵御塞北游牧部落联盟侵袭而修筑的规模浩大的军事工程的统称，也是世界上修建时间最长、工程量最大的一项古代防御工程。始建于春秋战国时期，秦朝统一后，将秦、赵、燕北部边境的长城连接起来，形成东起辽东、西至临洮绵延万里的长城，故称“万里长城”。目前，全国的长城遗存总长度达 5 万公里之多。河北境内现在地表尚存长城遗迹 1200 余公里。

老龙头

老龙头位于山海关城南 5 公里处，是万里长城的重要组成部分，与城北的角山长城、城东的威远城形成犄角之势，拱卫着山海关城。明朝初年，大将徐达修建山海关时，就选中了在老龙头这地方修筑入海长城。老龙头不仅是伸入大海、建造十分机巧的军事设施，而且是万里长城中唯一兼有关、山、海等诸多景观的绝佳之处。

交通线路：秦皇岛市区乘 25 路公交车老龙头站下，按沿途指示牌前往老龙头，约有 440 米。

秦皇岛老龙头

喜峰口与潘家口

唐山迁西县西北50公里，有一处万里长城的绝景——水下长城，昔日雄关喜峰口、潘家口已没入一泓碧波之中，悠悠长城蜿蜒曲折，伸向水底，又从对岸挺身扬起，山影倒映，云水相交，山、水、城美妙组合，北国的雄奇与江南的秀美浑然一体。古老的长城在山峦碧波之间时隐时现，孤寂的敌楼、烽火台耸立于群峰之巅，两岸青山峰峦叠嶂，堪称北国三峡，燕塞漓江。

交通线路：从京沈高速公路丰润出口下道往北行至迁西县城，由此西行到三屯营镇后往北行至洒河桥，再往东北走不远即可到达迁西县喜峰湖景区。

承德潘家口长城

承德金山岭长城

金山岭

金山岭长城坐落于承德市滦平县与北京密云县交界之处的大金山与小金山上，东起望京楼，西止龙峪口，全长10.5公里。

金山岭长城为明朝著名将领戚继光所修，在10余公里的沿线上，建有敌楼67座，大小关隘5处，烽火台两座，还有别处长城不多见的障墙、文字砖、麒麟影壁、万里长城唯一的一间房等。由于建筑时间稍晚，修造者吸取了以前的经验，使其在军事防御体系的设置以及城墙的建筑结构、建筑艺术上都成为整个明长城的典范。

交通线路：自驾车从京承高速公路133公里处（巴克什营镇花楼沟）进城楼门4公里即到。

承德金山岭长城库房楼

大境门

张家口市区北端，有一座闻名遐迩的长城关隘——大境门。位于高耸入云的东、西太平山之间，据长城之要隘，扼边关之锁钥，形势险要，历来为兵家必争之地。始建于清顺治元年（1644 年），至今已有 370 多年。与大境门外“内外一统”摩崖石刻相映成趣的是大境门上“大好河山”的匾额，为察哈尔都统高维岳 1927 年所书，笔力苍劲，为雄关大境门平添几许文化神韵。

交通线路：张家口市区乘 2、13、16、32、301 路公交车可通往大境门景区。

长城上唯一以“门”命名的关口——张家口大境门

紫荆关

紫荆关位于保定易县西北约 45 公里的紫荆岭上，始建于战国时期，后历经各代扩建、修葺，使紫荆关形成了一个较完备的防御体系，是内长城的重要关口之一。如今，这座历史名关已成为世人登高览胜、凭吊先贤的重要场所。

交通线路：自驾车走 112 国道可直达紫荆关。

保定紫荆关长城

承德避暑山庄及周围寺庙

避暑山庄

避暑山庄又称“承德离宫”、“热河行宫”，是清代帝王夏日避暑和处理政务的场所，坐落于承德市中心以北的狭长谷地上。山庄周围依山势起伏而建有12座金碧辉煌、风格迥异的寺庙，按照建筑风格分为藏式寺庙、汉式寺庙和汉藏结合式寺庙。

山庄的营建大体经历了两个阶段：第一阶段从康熙四十二年（1703年）至五十二年（1713年），进行开拓湖区、筑洲岛、修堤岸，随之营建宫殿、亭榭和宫墙，使整个宫苑初具规模，康熙选取园中的上佳景色以四字题名，即康熙“三十六景”；第二阶段从乾隆六年（1741年）至乾隆十九年（1754年），对山庄进行了大规模的扩建，增建宫殿和多处大型园林设施，乾隆选取园中优雅的景致以三字题名，即乾隆“三十六景”。两组景致合称避暑山庄“七十二景”。

交通线路：承德市交通方便，京承铁路、京通铁路、承石铁路、承沈铁路干线贯穿承德全境，列车车次较多。从承德火车站前乘5、7、11路公交车可达。

承德避暑山庄清朝皇帝寝宫

承德安远庙

承德普陀宗乘之庙

承德须弥福寿之庙妙高庄严殿

外八庙

外八庙实际上有12座庙宇，由于其中八座由清政府直管，故称“外八庙”。寺庙呈汉、满、蒙、藏等多个民族的建筑风格，是中国古代宗教建筑艺术的瑰宝。

安远庙

建于清乾隆二十九年（1764年），当时清平定了新疆准噶尔部叛乱，厄鲁特准噶尔达什达瓦部2000多人从新疆伊犁迁居承德。为“柔怀远人”，乾隆下令仿照伊犁固尔扎庙建造安远庙，俗称伊犁庙。

普陀宗乘之庙

为祝贺乾隆皇帝60寿辰和皇太后80寿辰，同时迎接土尔扈特部归顺、安抚蒙古各部所建。仿西藏拉萨布达拉宫的造型，普陀宗乘即藏语布达拉的汉译，有“小布达拉宫”的美誉。

须弥福寿之庙

建于乾隆四十四年（1779年），为迎接西藏六世班禅给乾隆祝寿专门所建，仿西藏日喀则扎什伦布寺的造型，俗称“班禅行宫”。

普乐寺

建于乾隆三十一年（1766年），清平定了准噶尔等部的叛乱，新疆地区的少数民族首领每年到承德举行朝觐活动，乾隆采纳西藏活佛章嘉的建议，修建此寺，取“先天下之忧而忧，后天下之乐而乐”之意名普乐寺。

普宁寺

又称“大佛寺”，建于乾隆二十年（1755年），设计思想以西藏山南地区的“三摩耶庙”为蓝本。寺庙坐北朝南，南北390米，东西315米，总占地10万多平方米。大乘之阁内供木雕金漆千眼千手大悲菩萨，高22.28米，用松、柏、榆、杉、椴五种木材雕成，是中国现存最大的木雕佛像之一。

交通线路：自驾车到承德，经迎宾路、环城东路、环岛、环城东路至普宁路，右转即到。

承德普乐寺

承德普宁寺

清代皇家陵寝

清代皇家陵寝体现了中国封建社会的最高丧葬制度和千百年封建社会的宇宙观、生死观、道德观和习俗。清代皇室一共有三处陵寝，分别在东北沈阳，称北陵；唐山的遵化，称东陵；保定的易县，称西陵。清东西陵是世界上最大的皇家陵寝。

唐山遵化市清东陵石五供

清东陵

清东陵位于唐山遵化马兰峪西，先后埋葬了五位皇帝、14 个皇后、136 个嫔妃，陵区内 200 多座建筑布局严谨、主次分明，是中国现存规模宏大、体系比较完整的陵寝建筑群。2015 年，被列为国家 5A 级旅游景区。

交通线路：唐山或遵化都有直通景区的公共汽车。节假日在北京宣武门教堂前有前往清东陵的旅游专线车。

唐山遵化市清东陵

保定易县清西陵泰陵之龙凤门

清西陵

位于保定易县梁各庄西。这里有雍正、嘉庆、道光和光绪皇帝四座帝陵、三座后陵，还有王公、公主、妃嫔园寝七座。最早在这里建陵的是雍正皇帝，其陵址先是选在清东陵九凤朝阳山，但施工时发现砂石太多，难以修建，于是到保定易县的太平峪另选陵址，即清西陵。后来按照规制，清室从雍正起实行祖孙同葬、父子不同眠，嘉庆、道光和光绪陵墓相继在这里修建，西陵遂成为清朝两大陵寝之一。2001年初，被列为国家4A级旅游景区。

交通线路：清西陵景区各景点较分散，内部道路路面条件较好，适合自驾游。北京方向的自驾车可沿京石高速南行，过涿州后继续南行，见京昆高速提示牌后西行上廊涿高速涿州方向，西行至张石高速清西陵出口（大约40公里）然后右拐1公里即到。

保定易县清西陵玉带河

大运河（河北段）

2014 年 6 月 22 日，在第 38 届世界遗产大会上，中国大运河被列入《世界遗产名录》，成为中国第 46 项世界遗产。河北段大运河“两点一段”即衡水景县华家口夯土险工、沧州东光县连镇谢家坝、沧州至德州段运河河道位列其中。

大运河始建于公元前 486 年，地跨北京、天津、河北、山东、江苏、浙江、河南和安徽 8 个省（直辖市），是世界上开凿时间较早、规模最大、线路最长、延续时间最久且目前仍在使用的人工运河。

河北段大运河北起廊坊香河县与北京交会处——杨洼闸，南至邢台市临西县尖塚，沟通海河和黄河两大水系，流经河北省廊坊、沧州、衡水、邢台、邯郸等 5 个市，总长近 600 公里。河北段大运河遗址线路清晰，体系完整，拥有较为完整的人工河道和堤防体系，代表了中国北方大运河遗产的特色，是中国大运河体系中不可或缺的重要文化遗产。

穿过沧州市的大运河

邯郸市

邯郸是国家历史文化名城、中国优秀旅游城市、国家园林城市、全国双拥模范城和中国成语典故之都。现有全国重点文物保护单位 18 处，省级文物保护单位 135 处；国家 A 级景区 24 处，其中 4A 级景区 12 处。孕育了磁山文化、赵文化、女娲文化、北齐石窟文化、建安文化、广府太极文化、梦文化、磁州窑文化、成语典故文化、边区革命文化等十大文化脉系。邯郸学步、胡服骑射、完璧归赵、毛遂自荐等 1580 多条成语出自于邯郸。

娲皇宫

位于涉县城西北十多公里处的凤凰山上，俗称“奶奶顶”，是国家 5A 级景区、全国重点文物保护单位。始建于北齐，是神话传说中女娲氏“炼石补天，抟土造人”的地方，占地面积 550 亩。有古建筑 135 间，北齐石窟 3 个，北齐摩崖刻经 6 部，集古建、石窟、石刻、石造像等于一体，为中国最大的奉祀中华始祖女娲的古代建筑群。在娲皇宫举办的“女娲祭典”被国务院公布为国家首批非物质文化遗产；2006 年，经中国文联批准，中国民协将涉县命名为“中国女娲文化之乡”，并成立了“中国女娲文化研究中心”。

交通线路：自驾车沿 309 国道到涉县县城后，向西出县城（路上有路标）向北 10 多公里处即到。

邯郸涉县娲皇宫女娲像

邯郸涉县娲皇宫

邯郸响堂山壁佛

响堂山石窟

位于峰峰矿区，坐落在风景秀丽的响堂山（鼓山）上，有北响堂和南响堂之分，是全国重点文物保护单位。因石窟群在半山腰，人们谈笑、拂袖、走动均能发出铿锵的回声，故名响堂山。始凿于北齐年间（550 年 -577 年），隋、唐、宋、明各代均有续凿。现有 16 窟，大小佛像 4300 多尊并有大量经文、雕刻，规模宏大、雕刻精致，是研究佛教、建筑、雕刻、美术、书法的宝库，也是中国石窟艺术从山西大同云冈石窟到河南洛阳龙门石窟中间的一个重要过渡。

交通线路：自驾车从京深高速公路马头出口下，向西至峰峰矿区再沿邢都公路向北即至。

邯郸武灵丛台

武灵丛台

位于邯郸市中华大街的丛台公园内。始建于战国赵武灵王时期（前 325 年 - 前 299 年），目的是用来检阅军队和观赏歌舞，因楼台众多，故名丛台，是省重点文物保护单位。历经 2000 多年的战火及自然灾害，多次改修重建，较之原建筑有了很大的变化。现占地 3500 平方米，高 27 米，由青砖包砌而成，分上、中、下三层。武灵丛台是赵都历史的见证，古城邯郸的标志。

交通线路：邯郸市区乘 1、2、3、33、22、25、41、29、38、17 路公交车可至。

广府城

也称永年城，位于永年县政府所在地临洺关偏南25公里处，是全国重点文物保护单位、中国历史文化名镇。已有2600多年的历史，春秋时期为曲梁侯国，秦汉时先后为平干国、广平国的国都以及曲梁县和广年县的县衙驻地。隋仁寿元年（601年），因避隋帝杨广的名讳，改广年为永年，故称永年城。原为土城，无水。明代成化年间（1465年–1487年），知府李进开挖护城河，引入滏阳河水。明嘉靖二十一年（1542年），知府陈俎调集周围9个县的民工，历时13年，将土城包砌成砖城，城周总长约9里，高12米、宽8米，四门筑有城楼，四角建有角楼，有1572处垛口。四门之外建有瓮城，由四座吊桥沟通内外，形成了一座坚固的城堡。现仅东门和西门存有瓮城。城内有四大街、八小街、72条小巷道，分布着太极宗师杨露禅、武禹襄故居、紫山书院、城隍庙、文昌阁等。城外有弘济桥、毛遂墓、黑龙潭等，其中弘济桥形制与石家庄赵州桥大致相同，艺术价值很高，为全国重点文物保护单位。

交通线路：自驾车在京深高速公路邯郸北口下，沿邯临公路东行至南桥向北，即可到达。

邯郸永年县广府古城

保定市

保定历史悠久，文物古迹众多。现有世界文化遗产 1 处，国家重点文物保护单位 47 处，省级文物保护单位 111 处。兼有平原、湖泊、湿地、丘陵、山地、亚高山草甸等，地貌特征齐全。拥有世界地质公园 2 处，国家 5A 级旅游景区 2 处，国家 4A 级景区 8 处，国家重点风景名胜区 1 处，国家森林公园 5 处，国家地质公园 3 处，全国红色经典景区 5 处。现为中国历史文化名城、中国优秀旅游城市。

莲花池

位于保定市南市区，为保定八景之一。国家级重点文物保护单位，全国十大名园之一。总面积 2.4 万平方米，其中池水面积 7900 平方米，池水以中心岛为界分为南北两塘，蜿蜒曲折的东西二渠将两塘沟通成一体。南塘呈半月形，外围峭壁环峙，松柏滴翠；北塘呈不规则矩形，四周玉石堆岸，杨柳垂丝；水心亭居于其中。莲池自古环水置景，以水为胜，因荷得名。为中国北方园林的明珠，有“城市蓬莱”、“小西湖”之美誉。

交通线路：保定市区乘 4、12、1、204、26、35、39、6、8 路公交车可达。

保定莲花池

保定直隶总督署

直隶总督署

位于保定市裕华路，是中国现存的唯一一座最完整的清代省级衙署。始建于明洪武年间，初为保定府署，永乐年间为大宁都司衙署。自清雍正八年（1730 年）直隶总督驻此，至清朝灭亡（1911 年）后废止，历经 182 年。曾在此任职的直隶总督共 59 人 66 任，包括唐执玉、李卫、方观承、曾国藩、李鸿章、袁世凯等人，有“一座总督衙署，半部清史写照”之称。中华人民共和国建立后，河北省人民政府也曾驻此。1988 年被国务院公布为第三批全国重点文物保护单位。

交通线路：保定市区乘 1、4、6、8、26、35、302 路公交车可达。

保定直隶总督署

承德市

承德在历史上曾经是清王朝的夏都和第二政治文化中心，皇家文化、佛教文化、民族民俗文化、草原生态文化深度融合，旅游资源得天独厚。现有国家 5A 级景区 1 处、4A 级景区 5 处；全国重点文物保护单位 9 处，省级文物保护单位 35 处；地上地下文物文化遗存 1300 多处。承德以清代皇家园林和全国现存最大的皇家寺庙群而著称，拥有中国首批历史文化名城、中国十大风景名胜、中国优秀旅游城市、旅游胜地四十佳、国家园林城市、国家重点风景名胜区、中国摄影家创作基地等多项桂冠。

承德雾灵山国家自然保护区

承德雾灵山

雾灵山

位于承德兴隆县境内，毗邻京津，交通十分便利。海拔 2118 米，为燕山山脉的主峰，因山势雄伟、地貌奇特、森林茂密、道家修行，被誉为“京东第一山”。清顺治二年（1645 年）被划为清东陵“后龙风水禁地”，封禁长达 260 多年，一直得到较好的保护。1988 年经国务院批准为国家级自然保护区，1993 年被确立为省级森林公园。

交通线路：正门位于兴隆县城北，距北京市 130 公里、天津市 168 公里（津蓟高速），驱车可以直达顶峰、各景区主要景点，由此门进入景区，可由北门出景区返回或游览其他周边景区。

承德磬锤峰国家森林公园

磬锤峰

位于承德市区东北部武烈河东岸的山巅上，与避暑山庄遥遥相望，古称石挺，俗名棒槌山。峰状上粗下细，形似棒槌，下径10.7米，上径15.04米，高38.29米，连同基座通高60米，海拔596米。在其半山腰有棵桑树，名蒙桑（也称崖桑），高3米，约有300多年的树龄。早在1400多年前，北魏地理学家郦道元在《水经注》中就有记载：“孤石云举，临崖危峻，可高百余仞。”成为到承德的中外游客不可不至的地方。

交通线路：承德市区乘10路公交车到“索道公司”站（磬锤峰景区）下车即到。

山海关

山海关是秦皇岛市的一个辖区，2001年被国务院列入国家级历史文化名城。山海关于公元1381年建城，自古即为军事重镇。现山海关关城较完整地保留了明清时期形成的历史风貌，东西罗城、南北翼城、威远城、宁海城等大量文物古迹保存完好，具有较高的历史价值，有“天下第一关”之称。

交通线路：秦皇岛市区乘25路公交车至山海关站。

秦皇岛山海关古城

千年古郡正定

正定县是一座具有悠久历史的文化古城，现有 8 个朝代的古建筑遗存，素有“九楼四塔八大寺，二十四座金牌坊”之美称。现有国家级重点文物保护单位 8 处（开元寺、隆兴寺、天宁寺凌霄塔、广惠寺华塔、临济寺澄灵塔、县文庙大成殿、大唐清河郡王纪功载政之颂碑、府文庙），省级重点文物保护单位 6 处，是全国县级唯一拥有 8 处国保单位的国家级历史文化名城。

交通线路：石家庄解放广场市内公交 131 路直达正定，车程约 40 分钟。北京南站有 4459 次列车直达正定，车程约四个半小时。

石家庄正定古城

石家庄正定开元寺遗址

开元寺

始建于东魏兴和二年（540 年），原名净观寺，隋开皇十一年（591 年）改名解慧寺，唐开元年间改名开元寺。寺内现仅存钟楼、砖塔和法船殿遗址。

石家庄正定古城临济寺澄灵塔

石家庄正定古城天宁寺凌霄塔

石家庄正定古城广惠寺华塔

正定四塔

正定城内现存凌霄塔、华塔、澄灵塔、须弥塔四座，均始建于隋唐时期。天宁寺凌霄塔是一座木质结构为主的楼阁式塔，也称木塔。塔身是砖木混合结构，塔分九级，高60米，其稳定塔身的塔心柱式结构在早期木塔中屡见不鲜，而国内现存实物则仅此一例。广惠寺华塔又称花塔、多宝塔，是全国现存花塔类型中之佼佼者。临济寺澄灵塔又名青塔，塔高33米，塔分九级，塔身为砖砌，呈八角形，为佛教临济宗的创始人——唐代高僧义玄禅师的舍利塔，故被视为临济宗的发祥地。开元寺须弥塔又称砖塔、方塔，塔有九级，高约48米，外观与西安大、小雁塔极为相似。

自然风光

秦皇岛北戴河海滨

北戴河风景区

北戴河风景区位于秦皇岛市的西南部，距市区约 15 公里，西起戴河口，东至鸽子窝、金山嘴，南临渤海湾，北依联峰山，宽约 2 公里。北戴河风景区凭借适宜的气候、70%以上的森林覆盖率，以及高于一般城市 10 至 20 倍的负氧离子含量，成为著名的避暑度假、疗养休闲胜地。

北戴河复杂多变的海岸线，孕育了大量的植物、鸟类和海生动植物，其中尤以鸟类最为驰名。它不仅是很多留鸟和夏候鸟聚集的乐园，而且是众多旅鸟迁徙的理想通道和歇脚站。据相关资料记载，中国鸟类共计 1186 种，而北戴河就有 405 种。其中属国家重点保护的 68 种，不少还是世界著名珍禽。

秦皇岛北戴河海滨

北戴河海滨滩面平缓，沙软潮平，海水清澈，是中国著名的天然海水浴场。

风景区的名胜古迹众多，其中有翡翠岛、能够欣赏“红日浴海”的鸽子窝，还有有着美好传说的老虎石。沿海岸线向内，有秦皇宫、北戴河影视城、金山嘴、海洋公园等不同特色的旅游景点，加上众多街心公园和花园的点缀，山、海、花、木与掩映其中的各式建筑构成了一幅优美、和谐的风景画。

交通线路：

乘车路线：北戴河的景点大多有公交到达，十分便利。5路、6路、22路、34路均可到达。

自驾路线：由北京东四环四方桥到京沈高速公路北戴河出口，共253公里，路途每几十公里都有明显的路段距离标志。京沈北戴河出口至市区12公里。全程共需2.5小时。东四环由四方桥上京沈高速公路，至第一个收费站（河北香河站）；由此站进入京沈河北段，由北戴河出口出。

秦皇岛北戴河

保定白洋淀鱼鹰成群

白洋淀

位于保定市东约45公里，旧称白羊淀，又称西淀，是华北平原上最大的淡水湖。水产资源丰富，有淡水鱼50多种。河淀相连、沟壑纵横、苇田星罗棋布，一派北方水乡的景象。白洋淀被36个村庄和12万亩芦荡分割成大小不同的146个淀泊，最大的两万多亩，最小的180亩，由3700多条沟濠、河道串联成一座巨大的水上迷宫。春光降临，芦芽竞出，满淀碧翠；盛夏“蒲绿荷红”，岸柳如烟；金秋芦荡飞雪，稻谷飘香；隆冬坚冰似玉，坦荡无垠。

交通线路：从北京、天津、石家庄走高速公路分别用1个多小时就能到达安新县城。从县城到各景点必须到白洋淀旅游码头，县城距码头5公里，在码头上船可去各景点。

野三坡

位于保定市涞水县境内，在太行山与燕山两大山脉的交汇处，距北京100公里，总面积498.5平方公里，由百里峡自然风景游览区、拒马河避暑疗养游乐区、百草畔原始森林保护区、鱼谷洞奇泉怪洞游览区、龙门天关长城文物保护区、金华山灵奇狩游乐区、野三坡失乐园薰衣草主题庄园等7个各具功能的景区构成，集雄山、碧水、春花、秋叶、瀑布、冰川、奇峡、怪泉、摩崖石刻、长城古堡、名树古禅、高山草甸、空中花园等于一体。是国家级重点风景名胜区、国家5A级旅游区。

交通线路：自驾车从北京沿京港澳高速行驶在涞水出口下，然后经张坊、十渡可到野三坡。

保定野三坡

承德塞罕坝国家级自然保护区

塞罕坝国家森林公园

是滦河与辽河的发源地之一，位于承德围场满族蒙古族自治县北部，距承德市区 240 公里，是中国北方最大的森林公园，在清代属著名的皇家猎苑“木兰围场”的一部分。总面积141万亩，其中森林景观106万亩，草原景观20万亩，森林覆盖率 75.2%。独特的气候与悠久的历史，造就了这里特殊的自然及人文景观——浩瀚的林海、广袤的草原、清澈的高原湖泊和清代的历史遗迹。满蒙汉三族人民在这里长期聚居生活，民族文化相互交融，孕育了浓郁的地域风情。被誉为“河的源头、云的故乡、花的世界、林的海洋”。

交通线路：自驾车从北京市区上京承高速，承德转 S254 到达围场县。再从围场县沿塞罕坝方向行驶即到。

◀ 邢台太行大峡谷

太行大峡谷

位于邢台县西南路罗镇贺家坪村，是国家级风景名胜区，距邢台市区 65 公里。游览面积 18 平方公里，由 24 条峡谷组成，具有峡长、陡峻、深幽、赤红、集群五大特点，千米以上的峡谷有 8 条，既有北方山岳的雄峻，又具南方山水之秀美，遍布峡谷、绝壁、流水、瀑布、原始次生林、地质遗迹、历史遗迹等。可供游览的峡谷有 5 条，分别为长嘴峡、流水峡、黄巢峡、竹会峡和老人峡。峡谷群夏季凉爽，7 月平均气温 24℃，有多种乔木、灌木和野生动物，植被繁茂，有上万亩的原始次生林，被誉为巨大的“天然氧吧”。

交通线路：自驾车自京深高速至邢台北下，沿邢台北外环、西外环至（邢台到山西左权）邢左线，再向西，过路罗行至小庄口（里程碑 55.7 公里处），即有指示牌指向景区。

邢台太行大峡谷鹰嘴石

坝上草原

地处河北西北部，内蒙古高原南缘（俗称“坝上”）。平均海拔 1400-1600 米，夏季气候凉爽，其境内生态系统完善的中都草原是锡林郭勒大草原的组成部分和精华。这里蓝天白云、绿草如茵、树木森然，是天然的避暑胜地和旅游观光的好去处。这里也是农耕文化和畜牧文化的融汇地，1307 年建立的元中都与大都（北京）、上都（蓝旗）齐名，元代中都遗址曾被列入中国十大考古新发现。

张家口坝上草原旅游月，于每年的 7-8 月举行。旅游月期间，将举行大型篝火、焰火晚会和蒙族歌舞、地方戏、马术、摔跤等表演，以及旅游商品展示、旅游项目洽谈等活动。

交通线路：张家口北部经 207 国道到张北，全程 270 公里。

塞外篝火

坝上草原

万龙滑雪场

位于张家口市崇礼县红花梁，占地面积约 30 平方公里，最高处海拔 2100 多米，垂直落差 550 米。距北京约 250 公里，距张家口市 50 公里。为国内首家开放式的滑雪场，有雪道 22 条、索道 5 条、魔毯 1 条，拥有综合大厅、芬兰木屋、三星级双龙酒店等完善的接待服务设施，是一个以滑雪旅游为主、森林旅游和山地观光休闲为辅的常年旅游度假区。

交通线路：北京到万龙雪场约 250 公里，自驾车从北京马甸出发，经八达岭高速、京张高速到张家口，新铺的柏油路面从张家口直通万龙滑雪场。

张家口崇礼县万龙滑雪场

自助旅游推荐线路

河北交通发达便捷，立体交通网络已具规模。航空上可利用北京、天津两大机场连接世界各地，石家庄、邯郸、唐山、张家口、北戴河机场可通达国内主要城市。铁路四通八达，是全国铁路密度最大的省份。公路纵横交错，高速公路通车里程居全国第二位。河北旅游业发展迅速，形成了食、住、行、游、购、娱完备的接待服务体系。

冀东海滨度假旅游线

从北京沿京哈高速公路 (102 国道) 东行，途经玉田县、丰润县 (由丰润沿北京环线 112 国道北可达遵化市、南可达唐山市)、卢龙县、抚宁县，到达秦皇岛，行程 280 公里。

承德皇家风情旅游线

从北京出发，沿京沈 101 国道东北行，途经怀柔区、密云县和滦平县，到达历史文化名城承德，全程 230 公里。这条线曾经是清朝皇帝塞外巡游的路线，主要景观有承德的避暑山庄和外八庙及北部围场县森林草原。

京北草原风光旅游线

从北京出发，沿高等级公路北行，途经怀柔区，到达丰宁县，全程 190 公里。

塞北旅游线

从北京出发，沿京张高速公路北行，途经昌平区和延庆、宣化，到达塞外名城张家口，行程 200 公里。

京郊太行风光旅游线

距北京仅 90 公里的涞水县野三坡和涞源县白石山均为享誉中外的风景名胜区，堪称太行风光之胜。百里峡、拒马河、佛洞塔、龙门峡、金华山、百草畔等众多景区景点，千姿百态，内涵深厚。多年来深受京津游客青睐，成为京津居民休闲疗养、避暑度假的最佳去处。

燕赵文化旅游线

从北京出发，沿京广铁路和京深高速公路南行，依次经过保定、石家庄、邢台、邯郸四个中心城市，行程 450 公里。

冀东南民俗风情旅游线

从北京出发，沿京津塘高速公路、京沪高速公路东南行，途经香河县、廊坊市、天津市、沧州市、吴桥县，到达衡水市，全程 410 公里。

长城旅游线

长城是中国旅游的象征，更是河北旅游的主打产品。举世闻名的万里长城横穿河北全境，长达 2000 多公里，使河北成为长城途经距离最长、保存最完好、建筑风格最具代表性的省份。万里长城之首老龙头、天下第一关山海关、倒挂山崖的角山长城、跨越山涧的九门口长城、潜入水下的潘家口长城、蜿蜒曲折的金山岭长城、长城要塞大境门、根据长城历史传说而建的孟姜女庙等，均在河北境内。沿长城旅游公路贯穿河北长城所有地段，为游客出游提供方便。河北长城之旅已成为深受中外游客青睐的旅游路线。

中国概况·河北

第五章

教育科技

- 学校规模
- 学前教育
- 终身教育
- 河北教育发展的重大项目

学校规模

小学生舞蹈队

2015 年，河北省普通高等学校 118 所，招生 35.1 万人，在校生 117.9 万人，毕业生 32.8 万人。研究生教育招生 1.4 万人，比上年增长 6.8%；在学研究生 4 万人，比上年增长 3.9%；毕业生 1.2 万人，比上年增长 1.7%。中等职业学校在校生 61.3 万人，普通中学在校生 351.9 万人，小学在校生 596.2 万人。

现有重点大学：河北工业大学、燕山大学、河北大学、河北师范大学、河北科技大学、河北农业大学、河北经贸大学、河北医科大学、石家庄铁道大学、河北工程大学等；重点中学：衡水中学、石家庄市一中、石家庄市二中、唐山一中、保定一中、辛集中学、正定中学等。

廊坊东方大学城

学前教育

幼儿教育

2015年，河北省幼儿园在园幼儿231.7万人。到2020年，基本普及学前教育，学前一年毛入园率达到95%。

终身教育

河北教育发展的总体目标

至 2020 年，教育发展主要指标达到全国先进水平，现代国民教育体系更加完善，基本实现教育现代化，基本建成学习型社会，进入人力资源强省行列。

普及教育水平全面提高。2020 年，高质量普及九年义务教育，巩固率达到 96%；普及高中阶段教育，毛入学率达到 92%；高等教育大众化水平进一步提高，毛入学率达到 42%。新增劳动力平均受教育年限和主要劳动年龄人口平均受教育年限分别提高到 13.5 年和 11.2 年。主要劳动年龄人口中受过高等教育的比例达到 20% 以上。

公平教育惠及全民。建成覆盖城乡的基本公共教育服务体系，教育公平程度进一步提高。家庭经济困难学生资助体系更加健全，资助力度明显加大。进城务工人员子女平等接受义务教育。残疾人受教育权利得到充分保障。

优质教育更加丰富。优质教育资源总量不断扩大，教育现代化

河北大学一角

农村小学语音室

特殊教育

水平明显提高，更好地满足人民群众接受高质量、多样化的教育需求。义务教育均衡发展，职业教育服务功能全面增强，高等教育综合实力明显提高，素质教育深入推进。教育质量整体提升，学生思想道德素质、科学文化素质和健康素质明显提高。教育对经济社会发展的人才支撑能力、知识贡献能力、科技创新能力和文化引领能力明显提高。

教育体系更加完备。不断优化教育结构，逐步完善更加符合教育规律和人才成长规律的现代国民教育体系。覆盖全省城乡的继续教育网络初步建成，基本满足广大社会成员多样化的学习需求。学历教育和非学历教育协调发展，职业教育和普通教育相互融通，职前教育和职后教育有效衔接，全社会教育资源得到充分开发和利用。

河北经贸大学博士楼

演奏古筝的孩子们

河北教育发展的基本任务

推进义务教育均衡发展。完善义务教育均衡发展的保障机制。到 2020 年基本实现区域内义务教育均衡。积极推进标准化学校建设，2020 年全省义务教育标准化学校比例达到 85% 以上。建立县级教育行政部门、学区中心校和学校三级管理的县域教育管理体制。通过兼并校、建分校、新建校等模式，彻底转化改造薄弱学校，扩大优质教育资源覆盖面，逐步消除择校现象。

提高高中阶段教育水平。逐步提高高中阶段教育普及水平，2020 年高中阶段毛入学率达到 92%，逐步实现普通高中办学条件标准化。扩大优质普通高中教育资源，到 2020 年，省级示范性普通高中增加到 300 所，

70%以上的高中生在省级示范性高中就读。创建特色学校，在全省形成一批外语、艺术、体育、科技等特色高中。

大力发展职业教育。大力改善办学条件，提升职业教育基础能力。到2020年，累计培养高素质技能型人才500万人。城乡新增劳动力普遍得到培训，年均规模超过600万人次。广泛面向农村地区开展职业教育。健全县域职业教育与培训网络，重点加强县级职教中心建设。

实施学历证书和职业资格证书"双证书"制度，提高技能型人才的社会地位和待遇，建立职业学校优秀学生激励机制，对在各类技能比赛中获奖的学生给予奖励，对自主创业的职业学校毕业生给予政策支持。鼓励企业设立"首席工人"、"首席技师"。推行技师聘任制度，落实技师津贴。实行拔尖高技能人才特殊津贴制度。

努力建设高等教育强省。到2020年，全省高等教育整

莘莘学子

体实力和办学水平显著提高，人才培养、科学研究和社会服务能力全面提升，建成二至三所国内知名的高水平大学，向高等教育强省迈进。

加快高水平大学和强势特色学科建设。抓好“211 工程”建设和省部共建高校工作，加强其他省属重点骨干大学建设，加强国家、省示范性高等职业院校建设。实施重点学科建设对标升级行动计划，强势特色学科达到全国一流水平，重点学科和重点发展学科达到国内同类院校一流水平。

加快发展继续教育。大力发展非学历继续教育，稳步发展学历继续教育。坚持“学以致用”原则，开展以新理论、新知识、新技术为内容的教育培训，提高各类专业人员的创新能力和竞争能力；开展灵活多样的社会生活、休闲娱乐、文化体育、医疗保健等各种教育活动，丰富人民群众精神文化生活。努力构建全民学习、终身学习的学习型社会。到 2020 年，全省从业人员继续教育年参与率达 60% 以上。

河北大学外语角

校园里的体育竞赛

职业教育

小学生学习传统文化

探索实行公民终身学习卡制度，建立公民学分积累、转换与认证制度。建立人事、劳资、培训三位一体的人才开发管理机制，把公民终身学习情况作为岗位聘任、职称晋升、转岗择业、职业注册等的重要依据。

加强教育信息化基础设施建设。到 2020 年，建成覆盖城乡各级各类学校的教育网络体系和数字化教育服务体系。制定教育信息化建设标准，强化对教育信息化工作的督导评估。加大教育信息化投入。以加强农村学校信息化基础建设为重点，为农村中小学班级配备多媒体远程教学设备，缩小城乡数字化差距。

走进设施蔬菜大棚的小学生

河北教育发展的重大项目

幼儿园建设工程，包括加强城市幼儿园建设，支持办好现有乡镇中心幼儿园，每个乡镇至少建有一所达到三级标准的中心幼儿园。

义务教育学校建设工程，包括继续实施中小学校舍安全工程，加快改造薄弱学校，尽快使全部义务教育学校在校园、校舍、教学设备、图书和体育活动设施等方面达到国家基本标准。

普通高中达标工程，包括重点加强城市薄弱高中和农村普通高中建设，不断改善办学条件，使校园校舍、专用教室、仪器设备和图书配备尽快达到国家和省定标准。每个县（市）重点改造一至两所高中。

中等职业教育基础能力建设工程。重点建设150所示范性中等职业学校。开展中等职业学校规范化建设，使全省90%以上中等职业学校达到国家规定的办学标准。

石家庄博士专家楼

河北农业大学实验室

河北工业大学现代工程电磁场与磁技术和可靠性理论与技术研究省部共建实验室

高水平大学和强势特色学科建设工程。加强省属重点骨干大学建设。做好“211 工程”三期建设，深入推进省部共建高校工作。实施重点学科建设对标升级行动计划，力争新增三至五个国家重点学科。新建 30 个省级重点学科和 60 个省级重点发展学科。加强示范性高等职业院校建设，新建成国家示范性高职院校四所。重点建设 100 个以品牌特色专业为核心的本科教育创新高地。

教育信息化和教育装备现代化工程。加强信息基础设施建设，全省中小学校全部实现“校校通”、“班班通”。推进中小学标准化实验室建设，重点建设省级示范性高中新课程配套实验室。

位于石家庄的中国电子科技集团第十三研究所科研楼

科技发展和运用

环京津的独特区位优势，使得河北科技发展优势凸显。北京是全国创新能力最强的地方，河北充分利用京津科技资源优势，加强与百家院所校、央企、国外科研机构的科技合作，谋划建设重大创新基地，支持“863 计划”、中关村等科技成果在河北转化应用，为河北科技创新水平添油加力。

河北大力实施创新驱动战略，把创新发展作为战略基点，以创新引领培育和形成新的增长点，构筑河北科学发展的新根基。实施科技治霾、新能源汽车推广等 200 多项重大科技专项和示范工程，与中关村、清华、北大及神州数码、阿里巴巴签署战略合作协议。白洋淀科技城正式

石家庄高新技术产业开发区的中国电子科技集团第五十四研究所信息产业园区

开工建设，中关村国内首个创新中心落户保定，国内首个国家博士后成果转化基地在廊坊固安启动运行。14 项科研成果获得 2015 年度国家科学技术奖。石药集团、廊坊华日家具、唐山三友集团兴达化纤公司被认定为国家技术创新示范企业，全省国家技术创新示范企业达到 12 家。乐凯集团的发

石家庄科技大市场

燕山大学国家重点实验室

明专利“太阳能电池背板及其制备方法”、东旭集团的“铂金通道中玻璃液的处理方法”获第17届中国专利金奖。2015年，河北新增科技型中小企业1.13万家、高新技术企业400家，重点实验室和工程技术研究中心达到322家，产业技术研究院达到28个，院士工作站达到173个，科技企业孵化器达到61个，国家重点实验室总数达到9家。

2015年，河北省用于研究与发展（R&D）的经费支出340亿元，比上年增长8.2%，占全省生产总值的1.14%，提高0.07个百分点。组织实施的国家和省高新

新奥集团煤基国家重点实验室

廊坊开发区鑫谷光电公司生产线

技术产业化项目 817 项，在建国家重大专项和示范工程项目 59 项，新增国家重大专项和示范工程项目 13 项。全年专利申请量 44060 件，授权量 30130 件，分别比上年增长 46.9% 和 50%。截至 2015 年底，有效发明专利 12279 件，比上年增长 35.4%。省级以上企业技术中心达到 481 家，工程技术研究中心达到 231 家，重点实验室达到 105 家。

2015 年末，全省共有产品检测实验室 1711 个，省级以上检测中心 66 个。产品质量、体系认证机构 3 个，法定计量技术机构 179 个。2015 年全年强制检定计量器具 229.5 万台（件）。制定、修订省级标准 171 项。全省共有天气雷达观测站点 5 个，卫星云图接收站点 5 个，地震台站 28 个，地震遥测台网 57 个，海洋观测站 5 个。

晶龙集团生产车间

中 国 概 况 · 河 北

第六章

社会生活

- 人民生活
- 特色小吃
- 新农村建设
- 体育运动
- 劳动就业和社会保障

人民生活

河北高度重视保障改善民生，使发展成果更多更公平惠及全体人民，坚持做到“三个先行”，即先行保障民生投入、先行安排民生项目、先行解决民生问题。2015 年，全省用于民生支出 4597.7 亿元，占全部财政支出的 81%。河北文化科技卫生“三下乡”活动，成为全国“三下乡”工作的一面旗帜。

山地自行车队

小演员

太极扇表演

河北省图书馆

收入与消费

城乡居民收入较快增长，消费水平稳步提高。2015 年，全省城镇居民人均可支配收入 26152 元，比上年增长 8.3%；农民人均纯收入 11051 元，比上年增长 8.5%。

2015 年河北省社会消费品零售总额达到 12934.7 亿元，比上年增长 9.4%。全省城镇居民人均消费支出 17587 元，比上年增长 8.5%；农村居民人均消费支出 9023 元，比上年增长 9.4%。

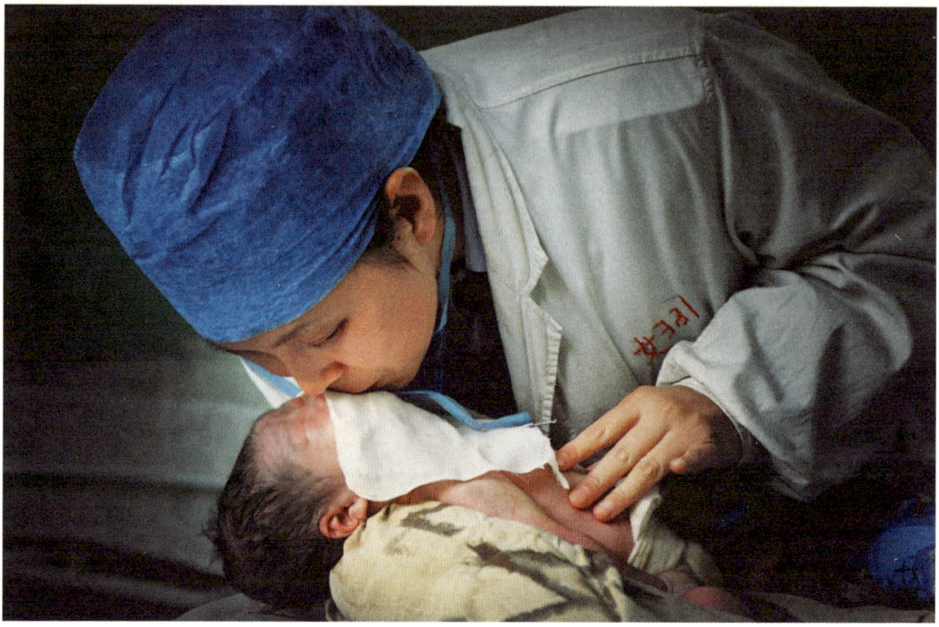

天使之吻

医疗卫生

河北加快发展卫生事业，医疗卫生事业持续健康发展。全省每个行政村拥有1所集体产权标准化村卫生室，城市社区卫生服务街道覆盖率达到99%以上。全面实施城乡居民大病保险制度，覆盖城乡居民5809.44万人，参保率100%。一个集医疗、预防、保健、康复、健康教育等服务项目的医疗预防保健网络遍布全省城乡。

免费为贫困农民做白内障手术

承德市武烈河畔

唐山居民小区

保障性安居工程

河北大力实施安居保障工程，构建起以廉租房和公共租赁房为主体，经济适用房和限价商品房为辅助的住房保障体系。从“九五”期间（1996—2000年）开始，实施保障性安居工程。2005—2010年，累计解决了42.95万户困难群众的住房问题，其中廉租住房保障13.04万户，经济适用住房解决7.79万户，城市棚户区改造解决22.12万户（含8.48万户城市低收入家庭）。2011—2015年，河北累计开工建设保障性安居工程228.2万套，住房保障覆盖率达到20%，城镇低收入住房困难家庭基本实现应保尽保。

石家庄上庄镇西山花园别墅区

特色小吃

河北各地的特色小吃，是流传悠久、深受人们喜爱、外地人到访都想品尝的食品，不仅风味独到，而且体现地方民俗文化。

柴沟堡熏肉。张家口市怀安县的柴沟堡，以其独特的熏肉制品驰名省外，已有200多年的历史。相传清乾隆年间，当地人郭玺开了一家熏肉铺，制作的熏肉皮烂肉嫩、色泽鲜艳、味道醇香、肥不腻口、瘦不塞齿，不仅风味独特、营养丰富，且具有开胃、祛寒、消食等作用。其将精选的肉放入锅内，倒入多年的老汤，配以花椒、大料、桂皮、茴香、砂仁、酱豆腐、甜面酱等佐料，经慢火煮熟，然后再用柏木熏烤，出锅后呈紫红色，光亮的肉皮上泛着油泡，夏季贮存一周不变质。《怀安县志》载："柴沟堡熏肉特佳，名驰省外，以之分赠亲友，无不交口称赞。"

香河肉饼。它是廊坊一带的特色美食，也称京东肉饼，迄今已有200多年的历史，其前身可追溯到1000多年前的突厥饼。突厥是古代的游牧民族，牛羊肉多粮食较少，所以招待客人时常烙薄皮儿大馅儿的肉饼，后来传至回鹘及回族地区。明成祖朱棣迁都北京，大批回族人迁入京东地区，香河有位姓哈的回民开了家饭店，卖祖传的肉饼，深受食客喜爱，称"香河肉饼"。每个肉饼用一斤面、二斤肉、一斤大葱烙成，直径两尺左右，从和面到做馅都极为讲究，两层薄皮儿夹着一层厚厚的肉馅，饼体虽大但不漏馅漏气，出锅后颜色焦黄、外酥里嫩、油而不腻、香醇可口。

高碑店豆腐丝。保定市高碑店的传统食品。从汉代起，高碑店一带就开始制作和食用豆腐，随着佛教的兴起，吃斋食素之风盛行，其中豆腐丝以浓郁的味道、乳黄的色泽、柔韧的口感深受人们的喜爱。以成熟饱满的大豆为原料，经过筛选、浸泡、磨浆、煮沸、除渣、凝固、压片、切丝、卤煮、捆把等十几道工序制作而成。营养丰富、食用方便。相传清朝在易州（今保定市易县）修建西陵后，皇室、贵族常去祭祀，路过高碑店时吃到五香豆腐丝，非常喜爱，并带回宫去，后来成为宫廷贡品。

保定驴肉火烧。保定的驴肉火烧可谓闻名遐迩，还进入了上海世博会的展厅，成为了民航上的配餐食品，全国各地几乎都能见到其身影。因其发源地在徐水的漕河镇，保定驴肉又称漕河驴肉。传说当年漕河一带有漕帮和盐帮两股势力，漕帮运粮，盐帮运盐，双方互有矛盾，经常兵戎相见。漕帮俘获盐帮驮货的毛驴，无法处理，便就地宰杀，于是，漕河的驴肉加工业应运而生，当地也养成了吃驴肉的习惯。漕河驴肉又称“小驴肉”，加调料煮出后不失原形，色泽红润、香味浓郁、熟度透彻，酥软适口，不塞牙、不腻口，营养成分高，胆固醇含量低，是居家及外出旅游的上佳食品。

八沟羊汤。也称平泉羊汤，承德的传统美食。将羊内脏、骨架及羊肉洗净、切碎后放入水中煮沸，撇去血沫后加入葱、姜和白芷、肉桂、草果、陈皮、杏仁等调料，用文火炖烂，出锅时加香菜、葱花、白胡椒粉、辣油等，味道鲜美、汤色白润、肉杂筋道、热气袭人，配之以当地用缸炉烤出的烧饼，吃起来非常享受，特别是在寒冷季节。

唐山棋子烧饼。因状如小鼓、个似棋子而得名。用大油和香油和面，包进肉、糖、什锦、腊肠、火腿等多种馅心，经过烘烤，色泽金黄、肉馅鲜香、酥脆可口，便于保存。最早源于丰润城关，后随采矿业的兴起，唐山成为北方的工业重镇，餐饮业也随之兴起，赵东富在便宜街开“九美斋”饭店，借鉴传统的做法，经过改进，做出了棋子烧饼。据说20世纪60年代，周恩来总理出访波兰时，还曾派人来唐山购买棋子烧饼作为礼品赠送给外宾。

新农村建设

邢台沙河市全呼村

从 2006 年开始，河北省紧紧围绕发展农村生产力和促进农民增收这个中心，统筹城乡发展，扎实推进新农村建设。河北加快推进美丽乡村建设，以打造“环境美、产业美、精神美、生态美”的美丽乡村为目标，坚持因地制宜、分类指导，把美丽乡村建设与扶贫攻坚、现代农业发展、山区综合开发、乡村旅游业发展统筹推进，乡村建设各具特色、各美其美。2011 年以来，累计建设美丽乡村近 1 万个，农村人居环境显著改善。馆陶县寿东村入选 2015 年度“中国十大最美乡村”。

唐山滦县中赵新村

体育运动

帆船比赛

河北是体育强省，在普及全民健身、提高竞技体育水平等方面都取得了显著成效。

在竞技体育方面，河北培养出了苏慧娟、钱红、郭晶晶、蔡玉林、庞伟等一批世界冠军。在 2008 年北京奥运会上，河北共有 18 名运动员和 11 名教练员入选中国代表团，取得了 3 枚金牌、1 个第四名、2 个第五名和 2 个第八名的好成绩。2015 年，河北运动员在国际比赛中获金牌 3 枚、银牌 2 枚。秦皇岛奥体中心体育场曾是第 29 届奥运会足球预赛的分赛场，正定国家乒乓球训练基地被誉为“中国乒乓球队的福地”，张家口市将承办 2022 年冬奥会大部分雪上项目的比赛。石家庄永昌足球队成功晋级 2015 年中超联赛。

秦皇岛奥体中心体育场

劳动就业和社会保障

河北实施就业优先战略，就业再就业工作走在全国前列。2015 年，河北进一步完善鼓励就业创业的政策措施，重点保障困难群体就业，新增城市就业 73.5 万人，城镇登记失业率 3.6%。

河北健全完善社会保障体系，进一步完善社会保障制度，让百姓生活有着落、养老有保障，社会保障水平稳步提高。2015 年末，全省城镇参加基本养老保险人数为 1320.5 万人，比上年增加 58.5 万人。参加城镇基本医疗保险人数 1702 万人，增加 4.8 万人。参加失业保险的人数达 511 万人，增加 2.3 万人。参加工伤保险的人数 809.7万人，增加 31 万人；其中参加工伤保险农民工 215.3万人。参加生育保险的人数 710 万人，增加 26 万人。165 个县（市、区）开展了新型农村合作医疗工作，新型农村合作医疗参合率 98%。

老年综合福利服务中心

农村新型养老金发放现场

为五保老人服务

城镇、农村低保标准分别比 2010 年提高 65% 和 96%，新农合和城镇居民医保财政补助标准分别增长 1.7 倍和 2.2 倍，城乡居民大病保险实现全覆盖，城镇企业退休人员基本养老金连续 11 年上调，城乡居民基本养老保险制度全面建立，农村互助幸福院、城市社区居家养老服务中心覆盖率分别达到 65% 和 75%。强力推进扶贫开发，确保贫困地区与全省同步全面建成小康社会，2011–2015 年，平均每年减贫 100 万人。

中国概况·河北

第七章

多彩文化

- 传统文化继承
- 节日节庆
- 广电和文化出版

传统文化继承

河北的蔚县剪纸、丰宁满族剪纸入选联合国《人类非物质文化遗产代表作名录》；河北梆子、唐山皮影、评剧、吴桥杂技、武强年画、衡水内画等148个项目被列为国家级非物质文化遗产。

蔚县剪纸

蔚县剪纸源于明代，是一种风格独特、在国内外享有盛誉的民间艺术，其制作工艺在全国众多剪纸中独树一帜，这种剪纸不是“剪”，而是“刻”，它是以薄薄的宣纸为原料，拿小巧锐利的雕刀刻制，再点染明快绚丽的色彩而成，其基本制作工艺为：设计造型—薰样—雕刻—染色。

蔚县剪纸在当地俗称“窗花”，大部分出自世世代代不知名的农民艺术家之手，种类有戏曲人物、鸟虫鱼兽，还有对农村现实生活的描绘等。2007年6月5日，经国家文化部确定，河北蔚县的周兆明为该文化遗产项目代表性传承人。

蔚县剪纸2006年5月入选第一批国家级非物质文化遗产名录，2009年10月入选联合国教科文组织《人类非物质文化遗产代表作名录》。

张家口蔚县剪纸

丰宁满族剪纸

丰宁满族剪纸从内容上可分为吉祥剪纸，花鸟鱼虫剪纸，山水风光剪纸，人物、盆篮碟盘瓶、瓜果、动物、花字剪纸等类。由表现形式看，它包括单色剪纸（红、白、黑等）、点染剪纸、填色剪纸、复色组合剪纸等品种。根据具体用途，又可分为窗花、祭神祖吊签（挂签）、阴天扫天婆、节令剪纸、礼花（结婚的喜庆剪纸、葬丧的素色剪纸等）、日常室内装饰用顶棚花、风斗花、炕围剪纸等。

在全国众多民间剪纸中，丰宁满族剪纸以其特有的艺术魅力占有一席之地。1993 年，丰宁被国家文化部命名为“中国民间剪纸艺术之乡”。2007 年 6 月 5 日，经国家文化部确定，河北丰宁满族自治县的张冬阁为该文化遗产项目代表性传承人。

承德丰宁剪纸

唐山皮影戏

唐山皮影戏是河北主要的地方剧种，是乐亭人按照自己的语言音调、生活习俗、文化传统经过改造、培育后形成的。唐山皮影戏又称滦州影，以唱功见长，造型独特，迄今已有400 多年的历史。影人用薄细驴皮制作而成，小巧玲珑，色彩艳丽，唱词以乐亭方言为基础，风格独特，深受当地群众的喜爱。

唐山皮影戏以历史故事、神话传说、寓言故事为主，歌颂真善美，鞭挞假恶丑。其唱腔为板腔体，唱词多为七字句或十字句，主要板式有：大板、二板、二六板、紧板、快板等，伴奏音乐主要是四弦、二胡、扬琴、大阮、唢呐等。

唐山皮影戏演出

冀南皮影戏

冀南皮影戏主要分布于河北南部的肥乡、成安、磁县等地，是中原皮影戏重要的流派，造型粗犷古朴，采用牛皮刻制，线条简练，许多地方不用刀刻，直接用彩绘，其雕绘结合的形式明显带有宋代中原皮影“绘革”的遗风。

冀南皮影剧目丰富，演唱没有文本，完全是口传心授，对白幽默风趣，非常口语化，表演起来通俗易懂，有鲜明的地方特色。冀南皮影的道具主要有皮影造型、表演幕窗、伴奏乐器。乐队配有板胡、二胡、闷笛、三弦、唢呐、笙等乐器，现在又配上了电子琴。武场配有板鼓、战鼓、大鼓、大锣、小锣、大镲、小镲、马号、梆子等。冀南皮影戏班社依然保持着传统的习俗，基本上体现了原生态皮影戏的表演形式。

冀南皮影

昌黎皮影戏

昌黎皮影戏，俗称为驴皮影、老奤影，因在河北东部，也称冀东皮影。是集昌黎地方民间美术、音乐、说唱等为一体的综合性戏曲表演艺术。

昌黎皮影戏唱腔优美、造型独特、内涵丰富，在国内外享有很高的声誉，有人介绍：“昌黎的皮影艺术，单就其刻制技艺而言，堪称美轮美奂，十二生肖图和京剧脸谱套系非常精美。”昌黎皮影影人的创意造型借鉴庙宇神像，通过扩大头部、眼部，加长上肢，形成独具昌黎民间美术特色的侧面造型和躯干的夸张结构。制作影人的原材料是净膜驴皮，经刮制、压平、阴干后，即可进行雕刻着色，着油后缝连而成。

昌黎皮影

河北梆子

河北梆子是中国十大戏曲剧种之一，是河北省唯一冠有“河北”二字的主要地方剧种，也是被河北人民亲切地称为“家乡戏”或“省剧”的剧种。它是梆子声腔的一个重要支脉，是“山陕梆子”传入河北之后经河北人培育而形成的。大约诞生于1820–1850年之间。

河北梆子的念白、脚色行当和表演程式，大体与现在的京剧相近。其生腔苍劲悲壮，旦腔高昂激越，净腔粗犷豪放，丑腔戏谑跳跃，充分体现出燕赵文化高亢激越、慷慨悲壮的特点。其音乐唱腔高亢激越，悠扬婉转，具有浓厚的抒情韵味。大慢板善于表现人物的抑郁、愁烦、缅怀、沉思等情绪。正调二六板如行云流水，从容舒展。而反调二六板则哀怨缠绵、凄楚悱恻。

河北梆子传统剧目已整理录入的达500余出，代表剧目有《秦香莲》、《蝴蝶杯》、《拾玉镯》等。历史上，河北梆子著名戏班为数众多，名角辈出，主要有达子红、响九霄、小茶壶、小香水、鲜灵芝、刘喜奎、金刚钻、秦风云、李桂云等。目前，河北省有许多河北梆子演出团体，影响最大、实力最强的为河北梆子剧院。其代表剧目有《宝莲灯》、《哪吒》、《钟馗》、《白毛女》、《龙江颂》等。著名演员有张淑敏、裴艳玲、彭蕙蘅等。

河北梆子《宝莲灯》剧照

评剧

评剧，是中国五大戏曲剧种之一，在华北、东北及其他一些地区流行很广。

评剧1909年左右形成于唐山，习称“蹦蹦戏”或“落子戏”，又有“平腔梆子戏”、“唐山落子”、“奉天落子”、“平戏”、“评戏”等称谓。1935年蹦蹦戏在上海演出时，因为上演剧目多有“惩恶扬善”、“评古论今”的新意，故采纳名宿吕海寰的建议，改称“评剧”。1936年新闻界首次把“评剧”的名称刊载于《大公报》，从此，评剧的名字广泛传播于全国。

评剧的艺术特点是：以唱工见长，吐字清楚，唱词浅显易懂，演唱明白如诉，表演生活气息浓厚，有亲切的民间味道。形式活泼、自由，最善于表现当代人民生活。因此，在城市和乡村都有大量观众。

该剧种的创始人之一——成兆才是河北滦县人，一生创作了大量剧本。评剧的传统剧目有《杨三姐告状》、《秦香莲》、《花为媒》等。著名演员有白玉霜、新凤霞、喜彩莲、韩少云、花淑兰、筱俊亭以及至今仍活跃在戏曲舞台上、荣获全国戏曲“梅花奖”的刘秀荣等。

评剧《香妃与乾隆》剧照

沧州吴桥杂技大世界

吴桥杂技

吴桥县位于沧州市南端，杂技艺术历史悠久、艺人众多、门类齐全、技艺精湛，是名副其实的"杂技之乡"。"上至九十九，下至才会走，吴桥耍杂技，人人有一手。"这首民谣道出了杂技之乡发展的盛况。据记载，吴桥是庙会盛地，期间总要举行娱乐性的表演，一些杂技、魔术的道具摆摊出售，各路艺人纷纷赶来，切磋技艺、拜师访友、搭班组棚。会后则四散而去，上北京、进天津、闯关东、下江南，甚至漂洋过海，凭一身技艺谋生，此风俗一直沿袭到 20 世纪 50 年代。

吴桥杂技节目可分为四大门类，即：武术、杂耍、驯兽（包括马术）、幻术（包括魔术）。

中国吴桥杂技团，多年来曾数次应邀出国演出，曾先后到过亚、非、欧、美洲的二十几个国家，受到世界各国人民的高度赞扬和热烈欢迎，促进了中外杂技艺术的交流和发展。

1987 年，国家文化部、河北省政府在省会石家庄举办了以吴桥命名的第一届"中国吴桥杂技艺术节"，至今已成功地举办了 15 届，使河北省成为继巴黎、摩纳哥之后的世界第三大国际杂技赛场。

2007 年 6 月 5 日，经国家文化部确定，河北省吴桥县的王保合为该文化遗产项目代表性传承人。

武强年画

武强年画

武强年画也叫木版水印年画，具有浓郁的乡村气息。内容喜庆吉祥，题材多为寓意吉祥的“五谷丰登”、“福禄寿”、“年年如意”、“喜上眉（梅）梢”、“连（莲）年有余（鱼）”等，以象征、比拟、双关等手法，表达出民间艺术特有的浪漫色彩，是中国民间社会生活的百科全书。其制作工艺传承了中国四大发明之一的雕版印刷术，是画、刻、印结合的民间套色版画，首先把图案刻在木板上，涂色印制，再点染颜色。武强年画已入选国家级非物质文化遗产名录。

几百年来，武强年画畅销中国北部十余省，武强县现已成为著名的民间年画之乡。

衡水内画

“冀派”内画发源于衡水，由于衡水内画艺术独树一帜，被国家文化部命名为“中国内画艺术之乡”。

衡水内画在继承京派厚朴古雅的基础上，糅进鲁派细腻流畅的传统画法，又将国画皴、擦、染、点、勾、丝等技法引入内画，将内画技法发挥得淋漓尽致。后来又将油彩加入内画技法，打破了传统单一的水彩作画的局限，使内画的图、形、神达到炉火纯青的地步。“冀派”内画从绘画工具到绘画技法及绘画形式有三项创新：金属杆钩毛笔、油彩内画、系列烟壶。

衡水内画工艺品

现在，“冀派”内画从业人员已近 4 万人，年销售额约 8 亿元，是河北最具影响和实力的艺术产业。

经国家文化部确定，河北衡水市的王习三为该文化遗产项目代表性传承人。

井陉拉花表演

井陉拉花

井陉拉花是井陉县土生土长的传统民间艺术，起源于明清，是河北省三大优秀民间舞种之一。2006 年被国务院列入全国首批非物质文化遗产保护项目。

井陉拉花源于民间节日、庙会、庆典、拜神之时的街头广场花会。有关“拉花”称谓的传说很多，一说拉花是在拉运牡丹花过程中形成的舞蹈，故称“拉花”；又说“拉花”是在逃荒中形成的舞蹈，“拉花”即“拉荒”的谐音；还说因舞蹈中的女主角叫“拉花”而取名拉花。

传统的井陉拉花表演人数为六人或十二人，取“六合同春”之意。演员手执的道具，各有其象征意义：如伞象征风调雨顺；太平板、霸王鞭象征四季太平；花瓶象征平安美满。井陉拉花以“拧肩”、“翻腕”、“扭臂”、“吸腿”、“撇脚”等动作为主要舞蹈语汇，形成刚柔相济、粗犷含蓄的艺术风格。其特点是舞姿健美、舒展大方、屈伸大度，抑扬迅变，擅于表现悲壮、眷恋、爱情等场面。其音乐为独立乐种，既有河北吹歌的韵味，又有寺庙音乐、宫廷音乐的色彩，与拉花舞蹈的深沉、含蓄、刚健、豪迈风格交相辉映，乐舞融合，浑然一体。

为传承和保护这一传统民间艺术，从 2009 年开始，井陉县每两年举办一次中国·井陉拉花艺术节，深受当地群众和国内外游客的欢迎。

节日节庆

河北省大部地区位于华夏文明发祥较早的平原地区，许多民俗风情基本上代表着中原乃至中国的民俗文化。河北民间的节庆很多，几乎每个月都有节，每个节都有不同的寓意和内容。逢年过节是老百姓最为欢乐和喜庆的日子，也是最能体现各地民俗的时节。

民间花会

每逢春节或庙会期间，河北各地都隆重举办具有地方特色的大型民间花会。内容包括舞狮子、社火、扭秧歌、踩高跷、跑驴、霸王鞭、走旱船、挂花灯、放焰火等节目，充满着浓郁的喜庆气氛。每到这种时候，男女老少都会聚到大街上观看并参与各种庆祝活动，欢声笑语不绝于耳。据说，河北地区的民间花会活动至少已经有上千年的历史。

在春节期间，河北城乡群众还有一些地方风俗：

古老的社火——张家口蔚县暖泉镇打树花

剪窗花和贴窗花。窗花起初是老百姓用剪刀将大红纸对折或几折，剪出一些简单的吉祥、美丽的图案，贴在窗户上，烘托节日喜庆的气氛。后来，窗花剪得越来越精美，有的改用刀子刻，有的还用不同的颜色，图案也蕴育了丰富的文化内涵，如福星高照、寿比南山、鲤鱼跳龙门、五谷丰登、龙凤呈祥、百子图以及各种生肖图案等，衍化成为了一门特有的剪纸艺术，深受人们的喜爱。知名的有张家口蔚县剪纸、承德丰宁剪纸、石家庄无极剪纸等。

获中国吴桥国际杂技艺术节金狮奖的节目——《蹬伞》

贴年画。年画最初起源于“门神”画，过年时贴在门上，是为了镇邪。门神一般取两位人物，有汉代的神荼和郁垒、唐代的秦琼和尉迟恭、三国时的关羽和张飞以及唐代的程咬金和罗成等，全为威武、忠厚、正派之人。后来年画题材变得广泛，有《福禄寿三星图》、《天官赐福》、《五谷丰登》、《六畜兴旺》、《迎春接福》等，寄托着人们美好的愿望。河北衡水的武强年画最有代表性，具有很高的艺术品位。

“正月十五闹元宵”。河北各地元宵节习俗不尽相同，邯郸地区较有代表性，有多种独具地方特色的民俗艺术活动，如成安散灯盏、马头放河灯、广平踩跷、永年抬花桌、武安荡秋千等。还有廊坊胜芳的灯会、保定涿州的灯会、石家庄井陉的灯会、邯郸永年广府的灯会和张家口蔚县暖泉镇的社火等。

中国吴桥国际杂技艺术节

创办于1987年的中国吴桥国际杂技艺术节，是以中外著名的杂技之乡——沧州吴桥而命名的国际性杂技盛会。艺术节举办期间，举行公演方式的国际杂技比赛。正式奖项设金狮奖、银狮奖和铜狮奖。此外为鼓励和肯定节目的某一方面，还设有若干特别奖，只发奖杯，不发奖金。

吴桥杂技艺术节每两年举办一届，逢单年举行。举办地点在河北石家庄市。世界各杂技大国已先后多次选派优秀节目参赛。世界各大赛场的主要负责人和杂技界的知名人士都曾担任中国吴桥国际杂技艺术节的评委。它作为一个国际赛场已经形成了一套为世界杂技界公认的、与世界其他赛场基本一致的比赛规则和评奖办法。

张家口涿鹿县祭祖仪式

涿鹿中华三祖文化旅游节

为弘扬中华始祖文化，实现海内外华夏子孙寻根祭祖的夙愿而举办。由张家口涿鹿县人民政府、张家口市旅游局主办。活动内容有清明节万人祭祖仪式，大型民间艺术表演，参观中华三祖堂、黄帝城遗址、轩辕湖、黄帝泉、蚩尤寨等历史遗迹，举办中华始祖文化研讨等。

中国长城文化旅游节

长城在河北境内途经距离最长，保存最完好，建筑风格最具代表性。每年 9 月 6 日—16 日举办的中国长城文化旅游节，主要活动有京津冀 8 个长城区段的徒步与自行车比赛。途经著名的八达岭、慕田峪、金山岭、黄崖关、潘家口、山海关、角山、九门口、老龙头长城景区。游客可以游览沿途著名景点及当地民俗风情，参观山海关长城节古战场表演，观赏冀东民俗风情表演、长城文化艺术展大型文艺晚会、长城焰火，并参加万人登长城比赛等。

承德金山岭长城

首届中国剪纸艺术节开幕式文艺演出

中国剪纸艺术节

中国剪纸艺术节由中国文联、中国民间文艺家协会、中共河北省委宣传部、河北省文联、河北省文化厅、张家口市人民政府六部门联合主办，由张家口蔚县县委、县政府具体承办，以“传承、创新、发展”为主题，以“喜庆、民乐、绝伦、传承”为理念，展示中国民间文化艺术成就，促进中国剪纸文化相互交流，加强经济技术合作，拓展剪纸产业发展领域和发展空间。

中国张家口坝上草原旅游节

中国张家口坝上草原旅游节

由河北省旅游局、张家口市政府主办的中国张家口坝上草原旅游节，是张家口暑期重要的旅游节庆活动。每年7月上旬在张北县和沽源县轮流举行。草原旅游节活动为期3个月，活动主题为“走进绿色，相约草原”。

张家口崇礼滑雪场

张家口崇礼滑雪旅游月

该活动于每年的1月—2月在张家口崇礼县举行。是由张家口市政府、河北省旅游局、河北省体育局、崇礼县政府、张家口旅游局等单位承办，国家体育总局冬季运动管理中心、中国滑雪协会、北京市旅游协会支持举办的为期3个月的滑雪节。

石家庄赵州梨园

赵州梨花节

石家庄赵县古称赵州，是著名的雪梨之乡。每年 4 月，几十万亩梨花竞相开放，似漫天大雪。赵县每年 4 月举办梨花节，在梨区设置常信观花园、董庄梨香园、南庄观花楼、赵范路贤门楼观花园、定魏线杨户画院基地观花园等最佳观花点，并在观花点组织背灯挎鼓、何庄武狮、赵州扇鼓等富有特色的民俗表演和娱乐活动。

保定顺平桃花节

保定顺平县是林果大县，果树面积近 30 万亩，仅桃园就有 20 万亩，2001 年 8 月被国家林业部命名为“中国桃乡”。仲春时节，20 万亩桃花竞相开放，争奇斗艳。从顺平县城出发向西至河口、伊祁山，向北至台鱼，绵延近百里，时时闻花香，处处是桃源，前来观光的游客络绎不绝。

安新白洋淀荷花节

自1991年开始，保定安新县每年7月23日至9月23日举办白洋淀荷花节。白洋淀荷花节有三大主题：7月份的主题是“出水芙蓉”。7月的荷花淀风景宜人，秀色可餐，层层叠叠的荷花一直铺到天边，初出水面的荷花在重叠的荷叶之间或举或藏，或开或闭，自然天成，野趣丛生。8月份的主题是“百里荷香”。8月，满淀荷花盛开，红白相间，亭亭玉立。在这如诗如画的环境中，组织游客在白洋淀垂钓园开展垂钓比赛、举办“百里荷香笔会”和“荷花情”书画摄影作品展，推出“十八弯水路生态游”。9月份的主题是“荷塘月色”。9月的夜晚，凉风习习，蛙鼓阵阵，万亩荷塘翠叶覆盖，荷花清影依稀可见。在这“荷塘月色”的夜晚举办“白洋淀旅游码头赏月活动”，各旅游景点统一开展“品莲”活动，举办“白洋淀之秋”文艺汇演、水乡民俗风情故事会和白洋淀荷花节征文评奖活动。

保定安新县白洋淀荷花大观园

安国国际药材节

保定安国市古称祁州，中药材交易已有千年历史，始于北宋，盛于明清，超常发展于改革开放以后。“草到安国方成药，药经祁州始生香”已成为天下药商笃信的箴言。自1980年以来，安国顺应市场发展规律，两次迁移和扩大沿革千年历史的马路中药材市场，建成占地400亩，拥有400多座楼房和4个交易大棚的祁州药市。

自1986年以来，每年5月安国市政府都要举办国家级规模的药交会，客流量在50万人次左右，全国各地、东南亚及欧美等国内外的客人纷纷前来参加交易会。

保定安国市药交会

井陉拉花艺术节

从2009年开始，石家庄井陉县每两年举办一次中国·井陉拉花艺术节。艺术节期间的文化活动主要有文艺演出、井陉拉花艺术大赛、民间艺术展演等，彰显传统、民间、地方三大特色。参赛队伍都是各地精心挑选的“劲旅”，代表了井陉拉花艺术演出的最高水准。比赛中，演员们身着彩装，次第登场角逐，尽情展示井陉拉花独特的艺术魅力，深受当地群众和国内外游客的欢迎。

曲阳雕刻艺术节

一年一度的曲阳雕刻艺术节，由河北省文化厅、保定市人民政府主办，保定曲阳县人民政府承办。艺术节期间，举办中国曲阳雕刻艺术论坛、曲阳雕塑成果展等活动。

曲阳雕刻工艺品

曲阳雕刻起源于汉，兴于唐而盛于元。历史上，曲阳雕刻创造了无数传世名作，造就了诸多雕刻名家。新中国成立后，曲阳石雕艺人先后参加了首都十大建筑、毛主席纪念堂等重大工程的修建。曲阳先后被命名为中国雕刻之乡、中国民间文化艺术之乡、中国观赏石之乡。曲阳石雕入选了国家级非物质文化遗产名录。2011年2月，曲阳雕塑文化产业园区被国家文化部授予国家级文化产业试验园区。

目前，曲阳县共有雕刻企业2300余家，从业人员10万余人，年产值40亿元，产品远销100多个国家和地区。雕塑产业已成为该县集开采、设计、加工、销售、运输、安装于一体的富民强县产业。

太行红叶节

每年9月的金秋时节，河北境内的天桂山、嶂石岩、驼梁、仙台山、清凉山等太行山景点，红叶满山，层林尽染。这些景区每年都举办红叶节，期间有优惠酬宾、摄影比赛、书法笔会等多项活动，吸引了大批游客。

广电和文化出版

2015年末，河北省共有艺术表演团体134个，文化馆181个，公共图书馆173个，档案馆188个。有线电视用户915.9万户，有线数字电视用户821.7万户。年末广播节目综合人口覆盖率99.35%，电视节目综合人口覆盖率99.27%。全年出版各类报纸15.1亿份，各类期刊4816万册，图书2.1亿册。

河北省艺术中心

河北大戏院

石家庄电视发射塔

河北实施文化强省战略，大力推动基本公共文化服务标准化均等化，努力构建覆盖城乡、便捷高效、保基本、促公平的现代公共文化服务体系。推动文化体制改革，推进传统媒体和新兴媒体融合发展。加快省市县博物馆、群艺馆、文化馆和文化资源共享基层服务点建设。加强精神文化产品创作生产，推出更多具有中国气派、燕赵风韵的精品力作。加强重要文物保护，重大文物保护项目扎实推进，加大历史文化名城名镇名村、古树名木和风景名胜保护力度，搞好非物质文化遗产保护与继承。

邯郸大剧院

电影《周恩来的四个昼夜》剧照

电视剧《打狗棍》剧照

电视剧《闯天下》剧照

电视剧《聂荣臻》剧照

电影《唐山大地震》剧照

河北文化事业蓬勃发展，公共文化设施网络建设加快。壮大文化产业整体实力和核心竞争力，做大做强出版发行、印刷装潢、广播影视、演艺会展等重点产业，加快发展文化创意、数字传媒、动漫游戏等新兴产业。积极构建特色文化产业聚集区，实施重大项目带动战略，倾力打造文化品牌，文化产业向规模化、集约化、专业化迈进，文化产业增速达到20%。河北出版传媒集团、河北报业传媒有限公司、河北长城传媒有限公司、河北影视集团、河北演艺集团等骨干企业成为中坚力量。河北出版传媒集团再登“世

动画电影《西柏坡》剧照

唐山滦州古城

界媒体500强”，蝉联中国“文化企业30强”。投资300亿元的中国出版传媒融合发展基地落户涿州，将建成中国新闻出版广电产业城、国家新闻出版广电产业重要聚集区。文艺精品创作层出不穷，一批优秀影视作品集中推出形成的“河北现象”持续发力。《太行山上》获第30届“飞天奖”优秀电视剧奖，《聂荣臻》《我的故乡晋察冀》《打狗棍》《国家审计》等影视剧深受大众喜爱。

2014年4月份，河北卫视在全国29省网中黄金时段全国

石家庄国际动漫节

排名首度闯进前十。全台河北省网收视份额冲到 47% 的高位，占据了省内收视市场的半壁江山。河北卫视《中华好诗词》第二季被台湾地区多家知名报纸、电视频道、网络媒体追捧和热议，《人民日报》海外版以《大陆电视文化节目台湾受追捧》为题，对此进行了分析探讨。

河北长城网、北京千龙网、天津北方网同时推出《京津冀协同发展》同题专栏。京津冀重点新闻网站协同报道机制是国内第一个区域性网站协同报道机制。

河北电台是新中国成立较早的省级电台之一，也是河北最有影响力的广播媒体。河北电台和腾讯强强联手，开启了广播媒体微博集成发布与互动交流的新模式。

自 2012 年以来，河北实施全省文化产业“三个十”建设，即每年重点培育打造十个文化产业强县（市、区）、十个大型文化产业集聚区、十个重点文化产业项目。这一评选活动极大地激发了各地各单位发展文化产业的热情，涌现了一大批文化产业特色县（市、区）、文化产业聚集区、重大文化产业项目，有效提升了全省文化产业规模化、集约化和专业化水平，使全省文化产业呈现出竞相发展、突飞猛进的良好态势。

石家庄图书大厦

河北正定县、蔚县、秦皇岛市北戴河区、迁安市、滦县、三河市、曲阳县、武邑县、黄骅市、临漳县被评为 2015 年度“河北省文化产业十强县（市、区）”。石家庄国家动漫产业发展基地创业孵化园、承德二十一世纪避暑山庄文化旅游产业集聚区、张北中都草原文化产业集聚区、昌

文化下乡

黎碣阳酒乡葡萄酒文化产业园、唐山陶瓷文化产业园、大城县红木文化产业集聚区、中国·涞水京作红木文化创意产业园、平乡县童车文化产业园区、武强县乐器文化产业集聚区、邯郸市峰峰矿区磁州窑文化产业集聚区被评为2015年度“河北省十大文化产业集聚区”。石家庄霞光大剧院、丰宁影视城、涿鹿中华文明源·三祖文化博物馆、秦皇岛北戴河中俄文化艺术产业园、遵化旺年鸿红木文化博物馆、易县狼牙山欢乐世界文化旅游产业园、沧州冀春文化艺术大厦项目、沙河艺术玻璃国际会展中心、永年佛山文化产业园、定州河北文博园（古城恢复）被评为2015年度“河北省十大文化产业项目”。

秦皇岛南戴河国际娱乐中心

第八章

主推专题

- 投资河北　赢得未来
- 河北经济发展的良好环境和条件
- 投资指南

投资河北 赢得未来

河北是京畿重地、沿海大省，现有人口 7400 万多人，总面积 18.8 万平方公里，海岸线 487 公里。2015 年，生产总值 29806.1 亿元，经济总量位居全国第七位；全省实际利用外资 73.7 亿美元。

河北环北京、天津，沿渤海，区位优势全国独有，面临着千载难逢的历史机遇。京津冀协同发展成为重大国家战略，首次把河北全域纳入国家战略；环渤海地区加速崛起，已成为东北亚最活跃的经济腾飞区；北京携手张家口获得了2022 年第二十四届冬季奥林匹克运动会的举办权；亚洲最大的空港——北京新机场项目在北京和廊坊交界处开工建设。

石家庄裕华路立交桥

河北经济发展的良好环境和条件

在石家庄火车站等待发车的“和谐号”动车

环京津沿渤海 区位全国独有

与首都北京、直辖市天津共同构成的首都经济圈，拥有1.2亿消费人口的高端市场，是中国经济最活跃，工商业最发达，市场容量最大，金融、人才、资源最密集的地区，已经成为继珠三角、长三角之后的中国第三经济增长极。

独特的地缘优势加之千载难逢的历史机遇，河北正成为国内外关注、投资者青睐的热土。

国家战略垂青 机遇前所未有

京津冀协同发展上升为重大国家战略，《环渤海地区合作发展纲要》经国务院批准实施，冀中南地区列为国家层面的重点开发区域。

河北境内的高速公路

城镇建设提速　市场需求庞大

发展理念：以人为本、优化布局、生态文明、传承文化。

发展目标：把城镇化纳入京津冀协同发展大格局，构筑以京津两个特大城市为核心，石家庄、唐山两大城市为区域中心，其他设区市为支点功能互补、宜居宜业的城镇体系。

发展路径：完善配套设施，提升城市功能，聚集优势产业，强化精细管理。

产业转型升级　合作领域宽广

河北着眼建设全国产业转型升级试验区，推动产业向中高端迈进。

提升传统产业发展水平：推动钢铁产业高端化、装备制造产业智能化、化工产业精细化、建材产业绿色化。

培育壮大战略性新兴产业：积极实施大数据战略，重点发展先进装备制造、新一代信息技术、生物医药、新能源和新材料、节能环保、新能源汽车等新兴产业。

加快发展现代服务业：拓展新领域，催生新业态，推动生产性服务业向专业化和价值链高端延伸、生活性服务业向精细和高品质转变，推动制造业由生产型向生产服务型转变。

大力推进农业现代化：发展高效、优质、生态、品牌、安全农业。

同城效应凸显 市场空间广阔

铁路：营运里程居全国第二位，8 个设区市实现通高铁。

港口：拥有秦皇岛、唐山和黄骅三个亿吨综合大港以及疏港铁路、公路网，港口通过能力达到 10 亿吨，居全国第二位，河北正在成为京津冀乃至“三北”地区重要的出海口和商品集散地。

高速公路：总里程达到 6333 公里，居全国第二位，基本实现县县通高速。

商务成本洼地 投资回报高地

土地：拥有 40 多万公顷临港工业用地，土地综合成本比沿海平均水平约低三分之一。

人力：每年百万普通高校在校生、百万职业教育在校生、数百万经过培训的农村劳动力，提供了丰富的人力资源，劳动力成本比沿海平均水平约低三分之一。

原材料：拥有优越的资源禀赋和发达的原材料工业，重要原材料成本相当于周边省份的三分之二。

石家庄正定国际机场

唐山港京唐港区

人民古道热肠 政府亲商敬商

亲商敬商：河北人民诚信重义，热情好客；各级政府秉承“投资者是至尊上帝，纳税人是衣食父母”的亲商情怀。

简政放权：加强服务型政府建设，大力简政放权，提高政府效能，非行政许可审批事项全部取消，省级审批事项精简至485项，实施商事登记“三证合一”“一照一码”，实行投资主体零限制、注册登记零收费。

准入门槛：非禁即准，非限即许。

项目代办：推行投资项目代办制，为投资主体提供便利化、个性化和多样化服务。

优化环境：营造法制化的发展环境，重点是建设公平规范的经营环境、依法经营的诚信环境、平安稳定的社会环境。

经济快速增长 投资机会最佳

实施“三个一百”领军企业工程，重点扶持100家战略性新兴产业企业，100家传统产业的骨干企业，100家现代服务业企业。

秦皇岛山海关机场

投资指南

石家庄

河北省省会，全国最大的医药工业、纺织工业基地之一，华北重要商埠，国家科技进步示范市，国家生物产业基地，国家科技兴贸创新基地，国家动漫产业发展基地，国家半导体照明产业化基地，河北省城市化建设重点城市。河北支持石家庄提升省会功能，发展壮大服务经济，增强辐射带动能力，努力建成功能齐备的省会城市和京津冀城市群“第三极”。

石家庄市

承德市

承德

驰名中外的历史文化名城，中国优秀旅游城市。森林覆盖率高，被誉为华北的“生态绿肺”和“天然氧吧”。河北支持承德走生态保护与绿色发展双赢之路，努力建成国家绿色发展先行区、国家绿色数据中心和国际旅游城市。

张家口

是 2022 年冬奥会大部分雪上比赛项目的举办地，拥有国内唯一、世界第二家高驱动推土机生产企业宣工集团，建有全国第一个双百万千瓦级风电基地。河北支持张家口加快绿色崛起，努力建成国家可再生能源示范区、国际休闲运动旅游区和奥运新城。

张家口市

秦皇岛

中国首批沿海开放城市，新欧亚大陆桥东部桥头堡。河北支持秦皇岛突出滨海、生态、旅游、科技特色，努力建成国际滨海休闲度假之都、国际健康城和科技创新之城。

秦皇岛市

唐山市

唐山

环渤海地区和京津冀都市圈重要的港口城市，科学发展示范区。河北支持唐山率先转型发展，大力发展循环经济，努力建成东北亚地区经济合作的窗口城市、环渤海地区的新型工业化基地、首都经济圈的重要支点和京津唐区域中心城市。

廊坊市

廊坊

国家环保模范城市，全国科技进步先进市，国家可持续发展实验区，中国二十佳投资区。河北支持廊坊创新发展、高端发展，努力建成科技研发及成果转化基地、战略性新兴产业和现代服务业聚集区。

保定

新能源产业国家高科技产业基地，已形成光电、风电、节电、储电、输变电与电力自动化等六大体系。长城汽车整车出口连续多年全国第一。河北支持保定加速提升创新能力，努力建成创新驱动发展示范区和京津保区域中心城市。

保定市

沧州

拥有国际综合性大港——黄骅港，是加速崛起的滨海新城。河北支持沧州加快新型工业化与新型城镇化融合发展，努力建成环渤海地区重要沿海开放城市和京津冀城市群重要产业支撑基地。

沧州市

衡水市

衡水

中国北方首座滨湖休闲度假城市，世界著名的丝网之乡。河北支持衡水加快壮大经济实力，努力建成冀中南综合物流枢纽、安全食品和优质农产品生产加工配送基地、生态宜居的滨湖园林城市。

邢台市

邢台

世界最大的单晶硅生产基地，产销规模世界第一的冶金轧辊生产基地，全国羊绒及制品集散地，中国最大的方便面生产基地，煤化工产业已列入河北省战略支撑产业。河北支持邢台加快发展和转型步伐，努力建成国家新能源产业基地、产业转型升级示范区和冀中南物流枢纽城市。

邯郸

国家历史文化名城，国家新材料产业基地、新型建材产业基地，国家循环经济试点市，国家循环农业示范市。河北支持邯郸加速产业转型升级，努力建成全国重要的先进制造业基地、区域性商贸物流中心和京津冀联动中原的区域中心城市。

邯郸市

附　录

河北省主要涉外机构名录

河北省人民政府新闻办公室
电话：86311—87907017
网址：www.hebwx.gov.cn

河北省人民政府台湾事务办公室
电话：86311—87903875

河北省发展和改革委员会
电话：86311—88600088
网址：www.hbdrc.gov.cn

河北省商务厅
电话：86311—87909787
网址：www.hecom.gov.cn

河北省工商行政管理局
电话：86311—85819755
网址：www.hebgs.gov.cn

河北省旅游局
电话：86311—85812166
网址：www.hebeitour.com.cn

河北省人民政府外事办公室
（河北省人民政府侨务办公室）
电话：86311—87807511
网址：www.hebwb.gov.cn

中国国际贸易促进委员会
河北省分会
电话：86311—88614332
网址：www.ccpithebei.com

河北省归国华侨联合会
电话：86311—87869881
网址：www.hebeiql.org

河北省出入境检验检疫局
电话：86311—85980770
网址：www.heciq.gov.cn

图书在版编目（CIP）数据

中国概况. 河北卷 / 河北省人民政府新闻办公室编著. 北京：外文出版社, 2015
ISBN 978-7-119-09696-4
Ⅰ. ①中… Ⅱ. ①河… Ⅲ. ①河北省－概况 Ⅳ. ①K92
中国版本图书馆CIP数据核字(2015)第257818号

出版顾问：张砚平
出版指导：王　凤
主　　编：景　宏　李宏梁
副 主 编：宋秀丽　施　扬
编　　委：赵少玫　杨　军　杨冠宇　郑　婷
撰　　稿：张延寿　孟庆凯　杜荣水
图片提供：中共石家庄市委对外宣传局、中共承德市委对外宣传局、中共张家口市委对外宣传局、中共秦皇岛市委对外宣传局、中共唐山市委对外宣传局、中共廊坊市委对外宣传局、中共保定市委对外宣传局、中共沧州市委对外宣传局、中共衡水市委对外宣传局、中共邢台市委对外宣传局、中共邯郸市委对外宣传局

项目策划：肖晓明
出版指导：胡开敏
出版统筹：于　瑛
责任编辑：杨春燕
内文设计：北京维诺传媒文化有限公司
封面设计：大盟文化传播有限公司
印刷监制：冯　浩

中国概况

河　北

河北省人民政府新闻办公室　编著

出 版 人：徐　步
出版发行：外文出版社有限责任公司
地　　址：北京市西城区百万庄大街24号　　邮政编码：100037
网　　址：http://www.flp.com.cn　　电子邮箱：flp@cipg.org.cn
电　　话：008610-68320579（总编室）　　008610-68327750（版权部）
　　　　　008610-68995852（发行部）　　008610-68996190（编辑部）

印　　刷：鸿博昊天科技有限公司
经　　销：新华书店/外文书店
开　　本：787mm × 1092mm　1/32
字　　数：60千字
印　　张：12.75
版　　次：2016年6月第1版第1次印刷
书　　号：ISBN 978-7-119-09696-4
定　　价：80.00元